国家科学技术学术著作出版基金资助出版

MEMS 光纤声压传感器技术

金鹏 刘彬 钟志 林杰 方尔正 著

科学出版社

北 京

内 容 简 介

本书首先介绍MEMS光纤声压传感器的结构特征、发展历程和应用前景；其次根据MEMS光纤声压传感器的工作原理，分别从光学和力学两个角度进行详细的介绍与分析；然后从制作角度介绍传感器的膜片加工和结构封装；最后对传感器的性能进行详细的测试。

本书可供光纤传感领域科研人员和工程技术人员参考，也可作为高等院校相关专业高年级本科生和研究生的参考书。

图书在版编目(CIP)数据

MEMS 光纤声压传感器技术/金鹏等著. —北京：科学出版社，2022.3
ISBN 978-7-03-069327-3

Ⅰ.①M… Ⅱ.①金… Ⅲ.①光纤压力传感器 Ⅳ.①TP212.4

中国版本图书馆 CIP 数据核字（2021）第 134811 号

责任编辑：姜　红　常友丽 / 责任校对：樊雅琼
责任印制：赵　博 / 封面设计：无极书装

科 学 出 版 社 出版
北京东黄城根北街 16 号
邮政编码：100717
http://www.sciencep com
固安县铭成印刷有限公司印刷
科学出版社发行　　各地新华书店经销
*
2022 年 3 月第 一 版　　开本：720×1000　1/16
2025 年 1 月第三次印刷　　印张：11 1/4
字数：227 000
定价：99.00 元
（如有印装质量问题，我社负责调换）

前　言

声压传感器是通过接收声波对目标进行探测、定位和识别的传感器，在诸多关键领域有广泛应用，如油气勘探、医疗、水下通信、地震监测、结构无损检测以及水下监听等。特别在水声领域，由于只有声波能在水下进行远距离信息传递，水听器在水下军事对抗、海洋资源勘探和地球物理研究等领域有着不可替代的作用。因此，水听器技术的发展一直受到各主要海洋军事强国的重视。

自从 1977 年美国海军研究实验室的 Bucaro 和 Cole 分别独立提出了干涉型光纤水听器之后，光纤声压传感器就以体积小、重量轻、抗电磁干扰、灵敏度高、结构设计灵活、传输距离远、易于复用和可以多参量测量等优点获得了广泛关注和飞速发展。目前，以 Michelson 和 Mach-Zehnder 干涉仪为代表的光纤声压传感器技术已经走出了实验室，迈向了工程应用阶段。

小型化、轻量化一直是声压传感器的进化方向之一。随着无人水下航行器（unmanned underwater vehicle, UUV）、自治式潜水器（autonomous underwater vehicle, AUV）、反潜无人艇（anti-submarine warfare continuous trail unmanned vessel, ACTUV）等新的水下无人作战平台概念的提出及高性能、低成本的航空声呐浮标等的发展，人们对高性能、低成本的水声探测技术的需求也越来越迫切。受探测原理制约，传统的光纤声压传感器通常需要较长的干涉臂以提高性能，其在小型化方向的发展存在困难。近年来，微机电系统（microelectromechanical system, MEMS）技术的发展有力地推动了传感器的小型化进程。将光纤传感器和 MEMS 微细加工技术结合起来，形成新型 MEMS 光纤传感器，这成为光纤传感器领域的新亮点。MEMS 技术的引进，使得传感器结构的可靠性、抗干扰能力和抗腐蚀性有了很大提高。另外，由于 MEMS 可以进行大规模集成化生产，加工结果一致性好，一旦技术成熟、产品定型，即可大幅度降低生产成本。

目前基于 MEMS 技术的微型光纤声压传感器技术正处于蓬勃发展阶段，但无论在理论分析和结构设计方面，还是传感器的加工与解调方面，或系统的整体方面等都面临诸多问题。作者所在课题组长期从事 MEMS 器件的设计与加工技术的研究，近年来开展了基于 MEMS 技术的光纤声压传感器技术的探索研究，并取得了一些进展。

全书共 7 章。第 1 章是绪论，主要综述传统的声压传感器，特别是光纤声压传感器和 MEMS 声压传感器的发展情况，然后简要介绍 MEMS 光纤声压传感器的结构及工作原理，并对全书的主要内容进行介绍；第 2 章从光学角度对 MEMS

光纤声压传感器的光纤 F-P 腔及解调技术进行分析介绍；第 3 章从力学角度对传感器膜片的形变方程进行详细的推导，对传感器整体的声学性能进行仿真分析；第 4 章、第 5 章分别介绍声压敏感膜片的设计与加工、MEMS 光纤声压传感器整体的结构设计与加工；第 6 章对加工得到的传感器性能进行详细的测试；第 7 章对本书的内容进行总结。

　　本书作者在研究工作中得到了中国科学院苏州纳米技术与纳米仿生研究所的王逸群研究员，哈尔滨工程大学的洪连进教授、单明广教授、桂晨阳博士、程启航硕士、吴迪硕士、王荟硕士等，北京航天计量测试技术研究所的高越工程师、闫磊工程师、朱刚工程师，哈尔滨工业大学微纳光学研究室的叶晨、刘欢、王艾琳、符昊等硕士及王兴刚工程师，等等的诸多帮助，在此对他们的付出表示衷心感谢。本书相关研究工作受到国家自然科学基金青年科学基金项目"基于相位差二次放大的仿生水声定向机理及调频技术研究"（项目编号：52001096）和黑龙江省自然科学基金青年科学基金项目"纹膜结构对 MEMS 光纤声压传感器低频探测性能扩展的作用机理研究"（项目编号：QC2018076）的资助，在此一并表示感谢。另外，作者在本书研究、实验及写作的过程中参阅了大量的相关论著，并将其列于参考文献中，在此对这些论著的作者表示衷心的感谢。

　　MEMS 光纤声压传感器技术涉及的知识点较多且正处在不断发展之中，在本书成稿期间即不断有新的研究成果面世，作者虽竭尽全力予以整理，但由于自身水平有限，仍不免有遗珠之憾，书中也可能存在其他不足之处，欢迎广大读者批评指正，不胜感激。亦欢迎越来越多的才智之士投身 MEMS 光纤声压传感器领域的研究之中。

金　鹏

2020 年 5 月

目　　录

前言

1 绪论 ……………………………………………………………………… 1

  1.1　MEMS 光纤声压传感技术简介 …………………………………… 2

  1.2　MEMS 光纤声压传感器领域现存主要问题 ……………………… 4

  1.3　本书主要内容 ………………………………………………………… 5

2 MEMS 光纤声压传感器光学原理分析 …………………………………… 7

  2.1　F-P 干涉仪基本原理 ………………………………………………… 7

    2.1.1　标准 F-P 腔的干涉谱分析 ……………………………………… 7

    2.1.2　光纤 F-P 腔的干涉谱分析 ……………………………………… 9

  2.2　光束传输损耗模型分析 ……………………………………………… 10

    2.2.1　间隔损耗理论分析 ……………………………………………… 11

    2.2.2　倾斜、错位损耗理论分析 ……………………………………… 14

    2.2.3　传输损耗对干涉条纹的影响 …………………………………… 15

  2.3　MEMS 光纤声压传感器解调技术 ………………………………… 17

    2.3.1　强度解调 ………………………………………………………… 17

    2.3.2　相位解调 ………………………………………………………… 36

  2.4　本章小结 ……………………………………………………………… 45

3 MEMS 光纤声压传感器力学原理分析 …………………………………… 47

  3.1　膜片振动性能分析 …………………………………………………… 47

    3.1.1　自由振动的解 …………………………………………………… 48

    3.1.2　受迫振动的解 …………………………………………………… 50

    3.1.3　特殊情形的解 …………………………………………………… 51

  3.2　MEMS 光纤声压传感器的等效电路模型 ………………………… 54

    3.2.1　电-力-声线路类比 ……………………………………………… 55

    3.2.2　声学元件阻抗表达式 …………………………………………… 59

  3.3　MEMS 光纤声压传感器的声学性能仿真 ………………………… 63

    3.3.1　膜片半径对传感器性能的影响 ………………………………… 65

3.3.2 膜片厚度对传感器性能的影响 ·············· 66

3.3.3 腔体体积对传感器性能的影响 ·············· 68

3.3.4 膜片内应力对传感器性能的影响 ·············· 69

3.3.5 连通孔尺寸对传感器性能的影响 ·············· 70

3.3.6 空气腔对水听器的增敏作用研究 ·············· 73

3.3.7 常见膜片材料对传感器性能的影响 ·············· 74

3.4 本章小结 ·············· 76

4 MEMS 光纤声压传感器膜片加工技术 ·············· 77

4.1 声压敏感膜片材料研究现状 ·············· 77

4.1.1 硅基材料 ·············· 77

4.1.2 金属材料 ·············· 81

4.1.3 二维材料 ·············· 82

4.1.4 有机材料 ·············· 83

4.2 声压敏感膜片结构研究现状 ·············· 84

4.2.1 凸台结构 ·············· 85

4.2.2 纹膜结构 ·············· 87

4.3 声压敏感膜片加工技术研究 ·············· 91

4.3.1 金属平膜膜片加工 ·············· 91

4.3.2 金属纹膜膜片加工 ·············· 94

4.3.3 PET 纹膜膜片加工 ·············· 98

4.4 本章小结 ·············· 102

5 MEMS 光纤声压传感器结构设计与加工 ·············· 103

5.1 F-P 腔结构研究现状 ·············· 103

5.1.1 同轴型结构 ·············· 103

5.1.2 垂直轴型结构 ·············· 103

5.2 MEMS 光纤麦克风结构设计与加工 ·············· 104

5.2.1 同轴型 MEMS 光纤麦克风结构设计与加工 ·············· 104

5.2.2 垂直轴型 MEMS 光纤麦克风结构设计与加工 ·············· 106

5.2.3 长腔长型 MEMS 光纤麦克风结构设计与加工 ·············· 108

5.3 MEMS 光纤水听器结构设计与加工 ·············· 110

5.3.1 MEMS 光纤水听器研究现状 ·············· 111

5.3.2 MEMS 光纤水听器结构设计及加工步骤 ·············· 112

5.3.3 MEMS 光纤水听器加工结果 ·············· 115

5.4　本章小结 ··· 116

6　MEMS 光纤声压传感器性能测试 ······································· 117

　6.1　声学实验测试原理、系统及方法简介 ····························· 117

　　6.1.1　光纤声压传感器信号解调系统 ······························· 117

　　6.1.2　声学实验测试装置 ··· 120

　　6.1.3　光纤声压传感器测量参数简介 ······························· 123

　6.2　MEMS 光纤麦克风声学性能测试 ··································· 126

　　6.2.1　同轴型平膜 MEMS 光纤麦克风声学性能测试结果 ········· 126

　　6.2.2　同轴型纹膜 MEMS 光纤麦克风声学性能测试结果 ········· 128

　　6.2.3　长腔长型 MEMS 光纤麦克风声学性能测试结果 ············ 134

　　6.2.4　垂直轴型 MEMS 光纤麦克风声学性能测试结果 ············ 137

　6.3　MEMS 光纤水听器声学性能测试 ··································· 139

　　6.3.1　水腔 PET 平膜 MEMS 光纤水听器声学性能测试结果 ······ 139

　　6.3.2　空气腔 PET 平膜 MEMS 光纤水听器声学性能测试结果 ···· 141

　　6.3.3　PET 纹膜 MEMS 光纤水听器声学性能测试结果 ············ 144

　　6.3.4　银膜片 MEMS 光纤水听器声学性能测试结果 ··············· 151

　6.4　本章小结 ··· 154

7　总结 ·· 155

参考文献 ··· 157

索引 ··· 168

1 绪　　论

现代技术的发展离不开传感器的进步。传感器种类繁多，但是很多情形下，传感技术高度受限于特定的应用场景，能够满足特定应用环境要求的传感技术相当有限。通常需要根据具体的影响场景来讨论特定的传感技术。在水声探测领域，由于声波是目前已知的唯一能在水下进行远距离信息传递的载体，水声传感器（或称水听器）在水下军事对抗、海洋资源勘探和地球物理研究等领域有着不可替代的作用。

声压传感器是通过接收声波对目标进行探测、定位和识别的传感器。目前基于压电陶瓷（piezoelectric ceramics,PZT）材料的 MEMS 水听器的灵敏度典型值为 -210dB re 1V/μPa，尚不能满足实用需求。由于具有体积小、重量轻、抗电磁干扰、灵敏度高、结构设计灵活、传输距离远、易于复用和可以多参量测量等优点，光纤声压传感器自 1977 年被美国海军研究实验室的 Bucaro 等[1]和 Cole 等[2]分别提出之后便获得飞速发展，并在诸多关键领域获得广泛应用，如油气勘探[3]、医疗、水下通信、地震监测[4]、结构无损检测[5]以及水下监听[6]等。

根据应用环境的不同，可以将光纤声压传感器分为工作在空气中的"光纤麦克风"和工作在水或其他液体中的"光纤水听器"两种。光纤水听器技术一直是光纤声压传感技术重要的研究领域之一，其发展一直受到主要海洋军事强国（如美国）的大力支持。在现实军事需求中，我国海军目前正面临着巨大的反潜挑战。为了有效应对这些挑战，我国必须大力发展高性能水声探测设备。研究小型化的高性能声压传感器对新一代声压传感系统的发展具有重要意义[7]。

通常情况下，"高性能"的含义是需要同时满足低噪声、高灵敏度、宽工作频带和大动态范围。典型的"高性能"应用场景有战术和监视级军事声呐系统、石油勘探用地震和声呐系统等。对光纤传感而言，其高灵敏度、抗电磁干扰能力、低成本、电无源、复用和高可靠性等通用优势中的某些特征是"高性能"应用场合的关键指标。

特别的，在水声探测领域，随着消声技术的发展，目前安静型潜艇和舰船的本征噪声主要集中在低频段，需要传感器具有低频检测能力；为了提高探测距离，需要传感器具有微弱信号检测能力；为了降低系统成本、提高系统的集成性和检测的空间分辨率，对传感器的大规模复用能力提出要求。此外，水声传感的挑战性还在于传感器需要在非常大的静水压背景中实现对极微弱信号的高灵敏度测量。传感器所承受的静水压值可以比所要求测量的最小声压幅值高 10 个量级。对大多数的线性传感器而言，实现如此高的动态范围具有很大难度。

光纤传感器根据机理可分为偏振型、强度型、干涉型、光纤光栅型、光纤激光器等[8, 9]。其中干涉型光纤水听器具有灵敏度高、易于复用等优点，光纤干涉型传感器可以在超过 1% 的静态应变存在的情况下检测出低至 10^{-15} 的动态应变[10]。早期的研究人员通过采用干涉技术实现光纤传感器的检测，同时满足高灵敏度和高动态范围的需求。英国水听器专家 Nash 认为干涉型光纤水听器技术是较有可能构成未来声呐系统的技术之一[11, 12]，因此该技术成为各国研究的热点。

1.1　MEMS 光纤声压传感技术简介

目前常用的干涉原理主要有 Michelson 干涉、Sagnac 干涉、Mach-Zehnder（M-Z）干涉，Fabry-Perot（F-P）干涉[13,14]。基于 M-Z 干涉和 Michelson 干涉的光纤水听器及其阵列是目前被研究较多且较为成功的光纤水听器方案，但它们的探测精度受到相位衰落和偏振衰落的影响，需要复杂的极化分集和解调原理来处理偏振引起的信号衰落。基于 Sagnac 的干涉仪不存在相位衰落问题，具有抗偏振衰落方法简单、探头结构简单等优点。这几种干涉仪都可以归类为长臂干涉仪，尽管其在小型化的过程中取得了一定的成果[15]，但是该结构固有的缺陷决定了基于长臂干涉仪的光纤水听器系统很难进行小型化。因此光纤 F-P 干涉仪是较有希望进行小型化技术的干涉方案之一。

关于 Michelson、Sagnac、M-Z 干涉结构的介绍和讨论可以在很多光纤光学相关的书籍中找到，本书不再赘述。

光纤 F-P 腔可以分成环形腔和线形腔结构。环形腔由光纤耦合器构成，其尺寸较大，不适宜进行小型化[16]。线形 F-P 腔利用光在不同传输介质的交界面构成反射端面。根据反射端面的不同，可以将 F-P 腔分成如图 1-1 所示的本征型、非本征型和复合型三种结构。本征型光纤 F-P 腔是通过在光纤内加工两个反射面[如光纤布拉格光栅（fiber Bragg grating, FBG），简称光纤光栅[17]]组成 F-P 腔，复合型光纤 F-P 腔多采用单模光纤与其他类型光纤（如多模光纤、光子晶体光纤[18]等）的交界面构成反射端面，形成 F-P 腔。这两种 F-P 腔采用光纤自身做敏感元件，具有结构简单、便于制造、波分复用能力好等优点，但一般需要较长的腔长以获得较高的灵敏度，导致传感器探头尺寸较大，不适合进行小型化。非本征 F-P 干涉仪（extrinsic Fabry-Perot interferometer, EFPI）光纤传感器结构则不受光纤自身限制，可以根据不同的机理实现对生物[19]、压力[20-22]、加速度[23, 24]、应变[25]、振动[26]、位移[27]、液位[28]、温度[29]、折射率[30]、湿度[31]等多种信息量的传感和多参量同时测量[32]，大大拓展了光纤传感技术的应用领域。EFPI 光纤传感器也是最有希望实现小型化的 F-P 腔结构。

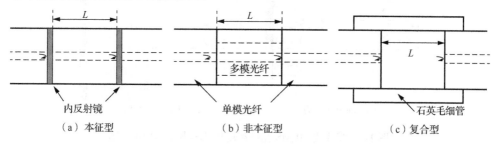

（a）本征型　　　　　　　（b）非本征型　　　　　　　（c）复合型

图 1-1　光纤 F-P 腔结构示意图

MEMS 具有尺寸小、成本低、可靠性高、重量轻和易于大规模批量生产等优势。利用 MEMS 技术已经加工得到许多新型小型化的传感器结构，并已在商业产品中取得良好应用，典型代表如 MEMS 麦克风[33,34]、MEMS 水听器[35,36]、MEMS 扬声器、MEMS 加速度计[37]、MEMS 微流道检测芯片等。但 MEMS 电容/压电水听器的灵敏度一般随着传感器的尺寸减小而降低[38-40]。

图 1-2 为 MEMS 电容麦克风的典型结构[41]。利用硅材料做基底和背板，氮化硅材料作为膜片，通过腐蚀硅材料和氮化硅之间的二氧化硅层加工空气间隙。在膜片和背板间加载电荷之后即可构成一个电容麦克风。

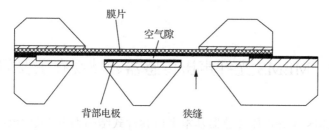

图 1-2　MEMS 电容麦克风结构示意图[41]

将光纤传感技术同 MEMS 技术相结合可为光纤声压探测系统的小型化甚至微型化提供新的解决方案，为生物、医学及复杂环境下的应用提供良好的解决途径。

基于 MEMS 技术的光纤声压传感器的典型结构如图 1-3 所示。利用膜片作为声压敏感元件，这一点与 MEMS 电容麦克风相似。膜片在外界声压作用下发生振动，引起 F-P 腔腔长的变化，进而导致反射光信号发生变化，从而实现对外界声压信息的感知。当传感器尺寸与光纤尺寸相同或近似时，称为 Fiber-tip 结构；当传感器尺寸大于光纤尺寸时，称为 Fiber-end 结构。如果没有特殊说明，本书所述 MEMS 光纤声压传感器均为 EFPI 结构。

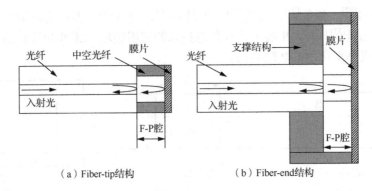

（a）Fiber-tip结构　　　　　　　（b）Fiber-end结构

图 1-3　膜片式 MEMS 光纤声压传感器典型结构示意图

基于 MEMS 技术的光纤声压传感技术虽然原理简单，但是却是一门跨学科交叉融合技术，包括声学（水声学）、光纤传感技术、MEMS 加工技术等，其对传感机理、结构设计与封装、信号检测、复用与降噪等一系列相关问题都提出了新要求。

尽管基于 MEMS 技术的光纤 F-P 传感器的相关研究较多，但目前 MEMS 光纤声压传感器的研究以光纤麦克风居多，基于 MEMS 技术的光纤水听器研究尚处于起步阶段。由于 MEMS 光纤麦克风和 MEMS 光纤水听器的工作原理相同，许多研究内容具有共通性，针对二者共同的研究内容（如声压敏感膜片和传感结构）本书将集中进行介绍，针对 MEMS 光纤水听器的研究现状则会在相关章节中进行单独介绍。

1.2　MEMS 光纤声压传感器领域现存主要问题

目前 MEMS 光纤声压传感器基本上以膜片式结构为主，虽然该结构的研究已有可观进展，但主要应用在静压测量领域，针对微弱声压信号检测的相关研究较少，针对高静压条件下的微弱水声信号检测的研究则更少[42]。目前该领域存在的关键技术问题主要有以下几点。

（1）缺乏完整的膜片式 MEMS 光纤声压传感器结构理论分析模型。由于膜片式 MEMS 光纤声压传感器研究涉及多个学科，包括声学、机械、光学、电学等。目前多数研究者单纯通过膜片的机械性能确定传感器整体的声学性能，而忽略了传感器结构自身和工作环境对其性能的影响。与 MEMS 电容式麦克风已有完整的电力声设计模型不同，膜片式 MEMS 光纤声压传感器的理论设计分析工作相对滞后。目前仅有斯坦福大学的 Onur Kilic 在发表的文献中对其进行详细叙述[13, 14, 43]。国内国防科技大学的王泽锋曾利用等效电路方法进行过四阶低通水声滤波器的设计工作，但并没有应用于 MEMS 光纤声压传感器的设计分析中[44]。因此有必要参考 MEMS 电容麦克风的设计模型对膜片式 MEMS 光纤声压传感器的性能进行理论建模和分析。

（2）缺乏低成本、高质量的声压敏感膜片加工方法。作为膜片式 MEMS 光纤声压传感器的核心元件，声压敏感膜片的性能直接决定了传感器的性能指标。为实现微弱声压信号检测要求膜片具有较高的机械灵敏度，F-P 腔光学系统需要膜片具有较高的光学反射率。目前常见的硅、石英、氮化硅、石墨烯等均无法同时满足这两个要求。平板光子晶体和金属膜片可同时满足这两个要求，但平板光子晶体加工困难、使用成本较高，而金属膜片在湿法转移贴合的过程中容易产生皱褶，造成加工结构的重复性较差。受限于加工能力，目前所用的声压敏感膜片多为平膜结构。有必要研究高质量的声压敏感膜片加工转移技术。

（3）水声检测难以同时兼顾抗静水压及高检测灵敏度要求。为了抵消外界静水压的影响，传统的膜片式 MEMS 光纤水听器通常在 F-P 腔内填充液体，并利用连通孔将腔内外连通起来[13, 14]。但由于液体（通常是水或蓖麻油）的可压缩比远小于空气的可压缩比，其对膜片运动的阻碍作用也远大于空气的阻碍作用。因此，基于液体填充腔的 F-P 声压传感器灵敏度普遍较低，难以满足实际需求。如何在平衡静水压作用的基础上提高其灵敏度，是目前 MEMS 光纤水听器研究领域面临的一个重要课题。

另外，由于 MEMS 光纤声压传感器的组成结构中不可避免会有一段自由空间光传输距离，在后续的分析中将会发现，光束从光纤端面传输出来之后将会发生扩散，从而造成光能的损耗，进而将对传感器的复用产生较大的影响。目前干涉型光纤传感技术的解调多数适用于短腔长型 MEMS 光纤声压传感器。现有的强度解调和相位解调方案通常也存在各种问题。因此，研究适用于短腔长型 MEMS 光纤声压传感器的高精度、低噪声传感系统也是该研究领域所面临的重要问题。

1.3 本书主要内容

本书目的是利用 MEMS 技术加工微型 F-P 光纤声压传感器，对其光学特性、传感机理、结构设计、加工封装与性能检测等关键技术进行系统研究，以期为高性能的微型 F-P 光纤声压探测设备进行理论和技术积累。本书的研究成果在新型高性能声呐浮标、地震检测、水下无人探测平台等领域有广泛的应用前景。

首先，本书对 MEMS 光纤声压传感器进行详细的理论建模分析。根据传感器的工作原理，将其理论模型分成光学和力学两部分，分别对应本书的第 2 章和第 3 章。在光学原理中，对光纤 F-P 腔光学性能进行了详细的分析，包括 F-P 腔的干涉谱特征、光束传输损耗的原理分析和实验验证、传输损耗对干涉条纹的影响等，并介绍了本书所使用的强度解调和相位解调原理。在第 3 章中，对 MEMS 光纤声压传感器力学性能进行了详细的分析，一是从机械角度对声压敏感膜片在均匀声压作用下的振动模型进行分析，二是从声学角度，利用等效电路方法对传感器结构参数对探头声学性能的影响进行了详细的讨论。

其次，本书第 4 章和第 5 章对 MEMS 光纤声压传感器设计、加工进行研究。第 4 章中首先分别按照所用材料和膜片结构的不同对传感器的研究现状进行了总结；然后分别进行了基于牺牲层工艺的金属膜片加工技术研究以及基于纳米压印技术的聚对苯二甲酸乙二醇酯（polyethylene terephthalate, PET）纹膜工艺研究。第 5 章利用加工得到的金属膜片分别加工了四种光纤麦克风，包括同轴型（包括平膜结构和纹膜结构）、垂直轴型和长腔长型；然后，针对水听器应用，设计了基于空气腔结构的 MEMS 光纤水听器，并分别利用金属膜片和 PET 膜片完成了水听器加工。

最后，本书第 6 章介绍 MEMS 光纤声压传感器性能测试的结果。首先介绍了空气声性能和水声性能测试所依据的测试原理和测试装置，对光纤传感器的待测参数进行了讨论，并搭建了信号解调系统；然后对加工得到的四种光纤麦克风和四种光纤水听器的性能进行了详细的测试与分析，主要性能包括频响、灵敏度、噪声水平、最小可探测信号、动态范围等。

2 MEMS 光纤声压传感器光学原理分析

在 MEMS 光纤声压传感器中，F-P 腔处于核心地位。与标准 F-P 腔不同，由于单模光纤出射光束呈现高斯分布，其在 F-P 腔内传输和耦合过程中会发生损耗，因此光纤 F-P 腔的反射谱特性与标准 F-P 腔的反射谱特性会存在不同。本章先对标准 F-P 腔的干涉谱特征进行简单分析，再针对光纤 F-P 腔的光学性能进行详细的分析，包括单模光纤出射光传输理论、光纤耦合损耗、光纤 F-P 腔的干涉谱特征等，并分析传输损耗对干涉条纹的影响等。传感器的解调技术也是传感器研究的重点内容，但该内容已超出本书范畴。出于对后续行文方便及内容完整性的考虑，本章 2.3 节简要介绍了常见的信号解调原理。

2.1 F-P 干涉仪基本原理

2.1.1 标准 F-P 腔的干涉谱分析

标准的 F-P 干涉仪由两个相隔一定距离且互相平行的反射面构成，本质是一个光学谐振腔。标准 F-P 腔结构可视为一个宽度为 L_{cav} 的平行平板。平板介质的折射率为 n_m，入射端的反射率为 R_1，出射端的反射率为 R_2。其两侧介质的折射率均为 n_0。一束平行光以角度 θ 从介质 n_0 入射到介质 n_m，入射后的折射角为 θ_1。入射光不断在两个界面间发生反射和透射，从而在 F-P 腔的两侧分别形成了两组振幅递减的平行光束，如图 2-1 中所示。

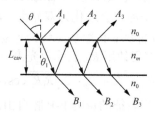

图 2-1　多光束干涉原理

图 2-1 中，$A_1, A_2, A_3, \cdots$ 为反射光形成多光束反射干涉条纹，$B_1, B_2, B_3, \cdots$ 为透

射光形成多光束透射干涉条纹。

根据物理光学理论，多光束干涉的反射光谱可以表示为

$$R_{\mathrm{FP}} = \frac{R_1 + R_2 - 2\sqrt{R_1 R_2}\cos\phi}{1 + R_1 R_2 - 2\sqrt{R_1 R_2}\cos\phi} \qquad (2\text{-}1)$$

$$\phi = \frac{4\pi}{\lambda} n_m L_{\mathrm{cav}}\cos\theta \qquad (2\text{-}2)$$

式中，ϕ 表示相邻光束相位差；λ 表示入射光波长。

假设入射角为 0°，F-P 腔腔长为 300μm，仿真计算不同反射率下多光束干涉反射条纹如图 2-2 所示。可以发现，组成 F-P 腔的端面反射率越高，形成的干涉条纹越尖锐。

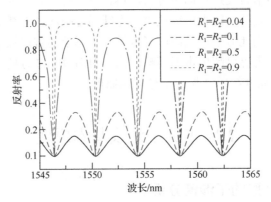

图 2-2 不同反射率下多光束干涉反射条纹

通常利用条纹精细度 F 描述 F-P 腔的干涉条纹明锐程度，其表达式为

$$F = \frac{\pi\sqrt[4]{R_1 R_2}}{1 - \sqrt{R_1 R_2}} \qquad (2\text{-}3)$$

计算得到，当反射率分别为 0.04、0.1、0.5、0.9 时，条纹精细度 F 分别为 0.65、1.10、4.44、29.80。反射率越高，则条纹精细度越高。当组成 F-P 腔的两个反射镜的反射率较低时，多光束干涉将会退化为双光束干涉，此时 F-P 腔又可以称为低精细度 F-P 腔。由于低精细度 F-P 腔加工较为容易，本书主要以低精细度 F-P 腔作为研究对象。因此，本书仍使用 R_{FP} 表示双光束干涉的反射光谱，其表达式为

$$R_{\mathrm{FP}} = R_1 + R_2 - 2\sqrt{R_1 R_2}\cos\phi \qquad (2\text{-}4)$$

另一个对多光束干涉进行表征的量为 F-P 腔自由谱范围（free spectrum range, FSR），其表征了 F-P 腔所能分辨的最大波长差，在图 2-2 中即为干涉条纹的相邻两个波峰或波谷之间的距离。FSR 的计算表达式为

$$\Delta\lambda = \left|\lambda_2 - \lambda_1\right| = \lambda_1\lambda_2 / (2L_{\mathrm{cav}}) \qquad (2\text{-}5)$$

式中，λ_1 和 λ_2 分别是干涉条纹相邻两个波谷或波峰处的波长值。实际应用中，可以根据测量得到的反射谱和公式（2-5）计算得到 F-P 腔腔长，表达式为

$$L_{cav} = \frac{\lambda_1 \lambda_2}{2|\lambda_2 - \lambda_1|} \tag{2-6}$$

2.1.2　光纤 F-P 腔的干涉谱分析

与标准 F-P 腔不同，MEMS 光纤传感器的 F-P 腔由引导光纤端面和反射膜片组成，需要先分析光纤出射光在 F-P 腔中的传输模式。光纤 F-P 腔的引导光纤可以选择单模光纤或者多模光纤。多模光纤中的光束分布简单，理论分析容易，但模间干涉及相位散射等缺点限制了其在光传输中的应用。一般使用单模光纤作为光纤 F-P 腔的传导光纤。

不失一般性，假设所采用的单模光纤为阶跃型光纤，并假设其纤芯半径为 a，纤芯和包层的折射率分别是 n_1 和 n_2。当 $n_1/n_2 - 1 \ll 1$ 时，可以利用弱导近似对光纤中光束的传输性质进行分析[45]。此时其光纤光场分布可以表示为

$$H_{x0} = -\sqrt{\frac{2}{\pi}} \left(\frac{\varepsilon_0}{\mu_0}\right)^{1/4} \frac{W}{aVJ_1(U)} \sqrt{n_2 P} \begin{cases} J_0\left(U\dfrac{r}{a}\right) & (r \leqslant a) \\ \dfrac{J_0(U)}{K_0(W)} K_0\left(W\dfrac{r}{a}\right) & (r > a) \end{cases} \tag{2-7}$$

式中，P 为光功率；J_0 和 J_1 分别为 0 阶和 1 阶第一类贝塞尔函数；K_0 为零阶第二类修正汉克尔函数（modified Hankel function）；ε_0 和 μ_0 分别为真空中的介电常数和磁导率；U 和 W 分别为

$$\begin{cases} U = a(n_1^2 k_0^2 - \beta^2)^{1/2} \\ W = a(\beta^2 - n_2^2 k_0^2)^{1/2} \end{cases} \tag{2-8}$$

其中，$k_0 = 2\pi / \lambda$ 为真空中的传播常数，λ 为光波长，β 为光束的纵向传播常数。U 和 W 之间满足关系

$$U^2 + W^2 = V^2 = \left(n_1^2 - n_2^2\right)\left(\frac{2\pi}{\lambda}\right)^2 a^2 \tag{2-9}$$

式中，V 为光纤的归一化频率。当 $0 < V < 2.405$ 时，光纤中只有 LP_{01}（HE_{11}）模可以进行传输[46]。对弱导光纤而言，可以利用一个横向线偏振的高斯分布用于近似该模场分布，其电场分量表达式为[47]

$$E_x = \left(4 \frac{\sqrt{\mu_0/\varepsilon_0} P}{\pi n_2 w_0^2}\right)^{1/2} \exp\left(-\frac{r^2}{w_0^2}\right) e^{i\beta z} \tag{2-10}$$

令 $E_0 = (4\sqrt{\mu_0/\varepsilon_0} P / (\pi n_2 w_0^2))^{1/2}$，则上式可以化简为

$$E_x = E_0 \exp\left(-\frac{r^2}{w_0^2}\right) \mathrm{e}^{\mathrm{i}\beta z} \tag{2-11}$$

对应的磁场分量表达式为

$$H_y = \frac{E_x}{\sqrt{\mu/\varepsilon}} = \left(4\frac{n_2\sqrt{\mu_0/\varepsilon_0}P}{\pi w_0^2}\right)^{1/2} \exp\left(-\frac{r^2}{w_0^2}\right) \mathrm{e}^{\mathrm{i}\beta z} \tag{2-12}$$

式中，w_0 为高斯光束的束腰半径。当 $1.8 < V < 2.4$ 时，利用高斯分布近似 LP_{01} 模的准确率可以达到 0.996，一般采用的单模光纤都满足该条件。对单模阶跃光纤而言，V 与 w_0 和 a 之间存在如下关系[45]：

$$\frac{w_0}{a} = 0.65 + \frac{1.619}{V^{3/2}} + \frac{2.879}{V^6} \tag{2-13}$$

根据高斯光束理论，单模光纤出射光束的传输表达式为[48]

$$E_z(r) = E_0 \frac{w_0}{w(z)} \exp\left(-\frac{r^2}{w^2(z)}\right) \exp\left\{\mathrm{i}\left[kz + \frac{kr^2}{2R(z)} - \Gamma(z)\right]\right\} \tag{2-14}$$

式中，$w(z) = w_0(1+(z/z_0)^2)^{1/2}$ 表示光传播距离 z 后的衍射光斑模场半径；r 为所求场点与纤芯光轴的距离；$R(z) = z + z_0^2/z$ 是远场波前的曲率半径，$z_0 = \pi w_0^2/\lambda$ 表示高斯光束的瑞利距离；$\Gamma(z) = \arctan[2z/(kw_0^2)] = \arctan(z/z_0)$ 表示 Guoy 相移。

由于高斯光束的发散特性，在 MEMS 光纤传感器中只有一部分反射光会耦合进入光纤内部，因此需要引入耦合系数 η 对传统的多光束干涉模型进行修正。耦合系数 η 定义为耦合进入光纤的光功率与入射到该光纤端面所在平面所有光功率的比值。

将耦合系数等效在第二个反射面的反射率上，得到修正后的高精细度 F-P 腔整体反射率变为下式：

$$R_{\mathrm{FP}} = \frac{R_1 + R_2\eta - 2\sqrt{R_1 R_2}\eta\cos\phi}{1 + R_1 R_2\eta - 2\sqrt{R_1 R_2}\eta\cos\phi} \tag{2-15}$$

对应的低精细度 F-P 腔的反射率公式（2-4）则修正为

$$R_{\mathrm{FP}} = R_1 + R_2\eta - 2\sqrt{R_1 R_2}\eta\cos\phi \tag{2-16}$$

为得到光纤 F-P 腔准确的反射谱特征，需要对耦合系数 η 建立数学模型。

2.2 光束传输损耗模型分析

MEMS 光纤传感器可以分成两个模型：①组成 F-P 腔的两个反射面均为光纤，称为引导模型（guided model）；②组成 F-P 腔的一个反射面为光纤，另一个反射面为反射镜，称为非引导模型（unguided model）[49]。图 2-3 所示为非引导模型的光束耦合示意图。假设高斯光束从 O' 点沿 z' 方向出射后入射到一个反射镜上，反射镜与光纤轴线夹角为 $\theta/2$，与光纤端面的距离为 $D/2$，光束在反射镜表面发生反射并耦合进入出射光纤中。该种情况可以等效为高斯光束从 O' 点沿 z' 方向出射后耦合进入在 O 点处的一根完全相同的光纤，接收光纤沿着 z 方向放置，则出射光纤与接收光纤的端面距离近似为 D，端面间倾角为 θ。根据几何关系，两根光纤的横向偏移 d 满足如下关系：

$$d = D\sin(\theta)/2 \approx D\theta/2 \tag{2-17}$$

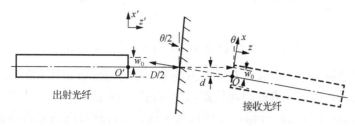

图 2-3　非引导模型的光束耦合示意图

因此可以将非引导模型等效为图 2-4 的引导模型。光束的传输损耗来源主要有三种：①光纤端面间隔 D 造成的传输损耗，其影响用耦合系数 η_1 表示；②光纤端面横向偏移 d 造成的偏移损耗，其影响用耦合系数 η_2 表示；③光纤端面间倾角 θ 造成的倾斜损耗，其影响用耦合系数 η_3 表示。

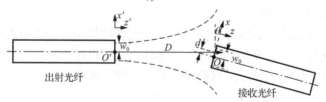

图 2-4　引导模型的光束耦合示意图

2.2.1　间隔损耗理论分析

1.　间隔损耗的三种理论模型

为了简化讨论，先忽略光纤倾斜和光纤错位两种情形，只分析光纤间隔带来的损耗。目前主要有三种理论模型来分析非本征型 F-P 腔的光束传输与耦合特性：一是采用几何光学近似分析光束的传输，利用功率分布分析光束耦合系数[50]，称为均匀平面波模型；二是采用高斯光束近似分析光束的传输，利用功率分布分析光束耦合系数[51]，称为高斯功率分布模型；三是采用高斯光束近似分析光束的传输，利用模式耦合理论分析光束耦合系数[45, 47]，称为高斯模式耦合模型。下面对三种模型分别进行分析，并进行实验验证。

1）均匀平面波模型

该模型示意图如图 2-5 所示。

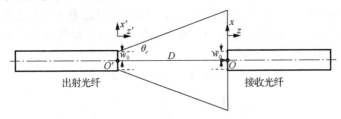

图 2-5　光束传输损耗的均匀平面波模型示意图

在该模型结构中，假设纤芯界面内的光功率均匀分布，光束在光纤内以平面波的形式传输，即在所有的径向位置都具有相同的相位。当光束从光纤端面出射时，以角度 $2\theta_c$ 进行发散传输，并假设位于接收光纤纤芯内的光功率会被耦合进入接收光纤中。其中，角度 θ_c 的定义与光纤的数值孔径 NA 相关

$$\mathrm{NA} = \sin\theta_c = (n_1^2 - n_2^2)^{1/2} \approx n_1(2\Delta)^{1/2} \tag{2-18}$$

式中，$\Delta = (n_1 - n_2) / n_1$。则耦合系数的求解公式为

$$\eta_{1\_1}(D) = \frac{A_{\mathrm{coupled}}}{A_{\mathrm{total}}} = \frac{\pi w_0^2}{\pi(w_0 + D\tan\theta_c)^2} = \frac{w_0^2}{(w_0 + D\tan(\arcsin \mathrm{NA}))^2} \tag{2-19}$$

2）高斯功率分布模型

该理论模型示意图如图 2-6 所示。在该模型结构中，假设当光束从光纤端面出射后以上文分析的高斯光束进行发散传输，并假设位于接收光纤纤芯内的光功率会被耦合进入接收光纤中，则耦合系数的求解公式为

$$\eta_{1\_2}(D) = \frac{\int_0^{w_0} \left(\dfrac{w_0}{w(D)}\right)^2 \exp\left(-\dfrac{2r^2}{w^2(D)}\right) r\mathrm{d}r}{\int_0^{\infty} \left(\dfrac{w_0}{w(D)}\right)^2 \exp\left(-\dfrac{2r^2}{w^2(D)}\right) r\mathrm{d}r} = 1 - \exp\left(-\dfrac{2w_0^2}{w^2(D)}\right) \tag{2-20}$$

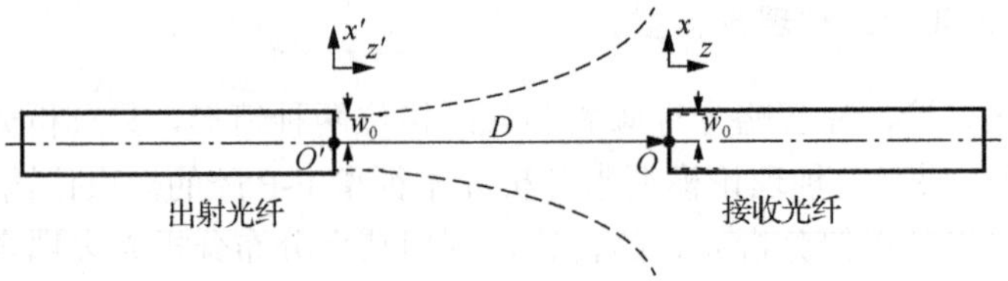

图 2-6　光束传输损耗的高斯功率分布模型示意图

3）高斯模式耦合模型

该理论模型示意图同样如图 2-6 所示。在该模型结构中，假设当光束从光纤

端面出射后以高斯光束进行发散传输，并根据模式耦合计算耦合系数。单模光纤耦合系数正比于高斯光束和基模的交叠积分[48]，其耦合系数的表达式为

$$\eta_{1\_3}(D)=\frac{\left(\iint E_z(r,0)\left|E_z(r,D)\right|\mathrm{d}s\right)^2}{\iint E_z^2(r,0)\mathrm{d}s\times\iint\left|E_z(r,D)\right|^2\mathrm{d}s}=\left(\frac{2w_0w(D)}{w_0^2+w^2(D)}\right)^2 \tag{2-21}$$

2. 间隔损耗模型实验验证

由于常用的非镀膜光纤端面理想反射率只有 3.5%，可以利用双光束干涉模型进行分析。根据公式（2-16）可得双光束干涉条纹的对比度

$$I_{\mathrm{Visual}}=\frac{R_{\max}-R_{\min}}{R_{\max}+R_{\max}}=\frac{2\sqrt{R_1R_2\eta_1(D)}}{R_1+R_2\eta_1(D)} \tag{2-22}$$

由此可见，对比度是与耦合系数相关的函数，而耦合系数同间距 D 相关。在实验中，根据公式（2-6）得到 F-P 腔的腔长 L_{cav}，间距 $D=2L_{\mathrm{cav}}$。因此，可以通过测试干涉条纹对比度与腔长 L_{cav} 之间的对应关系来验证上述理论分析模型的适用性。按照如图 2-7 所示原理图搭建实验系统，进行传输耦合特性测试。

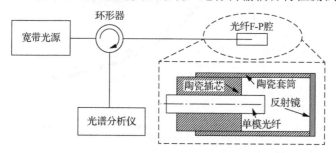

图 2-7 光纤 F-P 腔反射谱特性实验原理图

宽带光源采用 C 波段放大自发辐射光源，其出射光经环形器后入射一个未封装的光纤 F-P 腔，利用光谱分析仪测试得到 F-P 腔的反射谱信号。F-P 腔结构如图 2-7 中虚线框中所示，F-P 腔入射端面为切割研磨成平角的单模光纤端面；F-P 腔的反射面为固定在陶瓷套筒端面的标准反射镜；光纤可以在陶瓷插芯孔内做一维自由运动。由于陶瓷插芯和套筒之间可以保证良好的同轴度，且光纤端面进行研磨处理，因此可以没有倾角和错位损耗，光束的传输损耗只与 F-P 腔腔长有关。实验过程中，将光纤固定在位移精度为 50nm 的五轴精密调整架上，测试得到不同腔长对应的 F-P 腔反射谱信号，利用公式（2-6）和公式（2-22）求解 F-P 腔的腔长和干涉条纹对比度。图 2-8 所示为测试过程中不同腔长处测量得到的反射谱。测试得到光纤端面的反射率大约为 0.027。

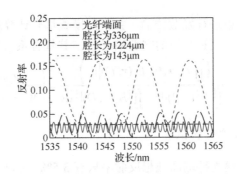

图 2-8　不同腔长的光纤 F-P 腔反射谱

图 2-9 为分别根据三种模型计算干涉条纹对比度与腔长的关系图和实验测试结果。计算过程中，标准反射镜的反射率简化为 1，所采用单模光纤（SMF-28）的纤芯折射率为 n_1=1.45205，包层折射率为 n_2=1.44681，纤芯半径为 a=4.07μm。

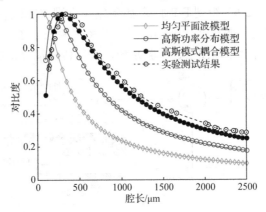

图 2-9　干涉条纹对比度与腔长关系

从图 2-9 中可以看出，实验结果与均匀平面波模型和高斯功率分布模型的差异均较大。实验结果与高斯模式耦合模型在腔长较短时吻合度较高，在腔长较长时存在一定偏移，但是整体趋势保持一致。考虑到干涉条纹随腔长变长而变密，此时波峰或波谷处波长的精确取值变得困难，导致腔长的计算可能出现偏差；而光纤端面的反射率测量同样存在误差；实际所用光纤的参数与仿真用参数间也存在偏差。因此可以认为实验结果与高斯模式耦合模型间具有较高的一致性。这一点与 Kim 等的研究成果相一致[48, 51]。

2.2.2　倾斜、错位损耗理论分析

对图 2-4 所示模型进行分析，采用高斯模式耦合模型完整分析光纤端面倾斜及横向偏移造成的损耗，其耦合系数计算表达式为

$$\eta(D) = \frac{(\iint E_z(r,0)|E_z(r,D)|\mathrm{d}s)^2}{\iint E_z^2(r,0)\mathrm{d}s \iint |E_z(r,D)|^2 \mathrm{d}s} \tag{2-23}$$

可以根据如下的坐标变换对其进行化简：

$$\begin{cases} x = x'\cos\theta + d \\ y = y' \\ z = z'\cos\theta - D\cos\theta \end{cases} \tag{2-24}$$

但此时公式（2-23）的化简较为烦琐，直接给出最终的结果为[45]

$$\eta(D) = \left(\frac{2w_0 w(D)}{w_0^2 + w^2(D)}\right)^2 \exp\left(\frac{-2d^2}{w_0^2 + w^2(D)}\right)\exp\left(\frac{-2(\pi w_0 w(D)\theta)^2}{(w_0^2 + w^2(D))\lambda^2}\right) \tag{2-25}$$

其右侧的三个分量分别是径向距离 D、横向偏移 d 和倾角 θ 对应的耦合系数 η_1、η_2 和 η_3，则有

$$\eta_2 = \exp\left(-\frac{2d^2}{w_0^2 + w^2(D)}\right) \tag{2-26}$$

$$\eta_3 = \exp\left(-\frac{2(\pi w_0 w(D)\theta)^2}{(w_0^2 + w^2(D))\lambda^2}\right) \tag{2-27}$$

2.2.3 传输损耗对干涉条纹的影响

图 2-9 中已经给出了端面损耗对干涉条纹对比度的影响。对于非传导模型，在实际应用中可以不用单独考虑横向偏移损耗。由于光纤端面加工过程中很难保证完全是平角，因此有必要重点分析倾斜损耗造成的影响。

1. 倾斜传输损耗对干涉条纹的影响

根据公式（2-16），在非传导模型中，光纤端面和反射镜之间的夹角会导致出射光纤和等效的接收光纤端面间同时出现倾角 θ 和横向偏移 d，且倾角和间距越大，横向错位也越大。

利用公式（2-25）研究不同倾角 θ 的条件下，耦合系数随 F-P 腔腔长的变化关系。分析过程中依旧采用单模光纤 SMF-28 模型参数进行计算。仿真计算结果如图 2-10 所示，横纵坐标均按照指数形式表示。从图 2-10 中可以看出，对于不同的倾角，其耦合系数随腔长的变化趋势是一致的。当腔长较短时，耦合系数比较稳定，随腔长增大缓慢下降，而经过一个特定的腔长（图中 60～80μm 处）位置后，耦合系数随着腔长的增加急速下降。而当腔长确定时，其耦合系数随着倾角的增加而下降，且倾角越大，下降速率越快。当倾角变成 2° 时，其耦合系数和 0° 时的耦合系数有明显差别。因此，在实际应用中，应控制光纤端面的倾

角和光纤端面与反射镜之间的夹角。从图 2-10 中可以看出,当倾角小于 0.5°时,耦合系数同 0°时的耦合系数几乎一致。目前常用的光纤切割设备均能保证光纤切割后的端面倾角小于 0.5°。经过进一步抛光研磨处理后的光纤端面倾角可以进一步缩小。

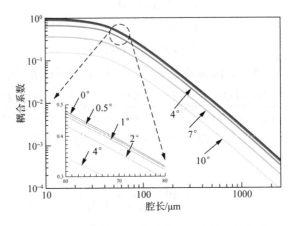

图 2-10 倾角不同时耦合系数随腔长变化关系

类似的,利用公式(2-22)和公式(2-25)计算不同倾角条件下干涉条纹对比度随腔长变化的关系,结果如图 2-11 所示。从图 2-11 中可以看出,当倾角固定时,干涉条纹的对比度均先随着腔长的增大而增大,在某个腔长处取得最大值 1,然后再逐渐下降。随着倾角的增加,对比度整体向左侧偏移,最大值的腔长也逐渐减小。倾角越大,对比度变化越明显。这与前面分析的耦合系数随倾角变化关系是一致的。

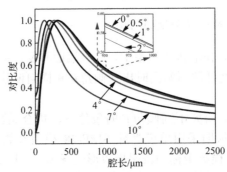

图 2-11 腔长不同时条纹对比度与倾角的关系

2. 光纤 F-P 腔反射谱仿真

假设入射波长保持 1550nm,F-P 腔腔长从 10μm 逐渐变化至 1000μm,光纤端面反射率为 3.5%,标准反射镜反射率为 1,光纤端面倾角为 0.5°,单模光纤参数不变。根据公式（2-16）和公式（2-25）计算光纤 F-P 腔反射率，结果如图 2-12 所示。可以发现，光纤 F-P 腔的反射谱同标准 F-P 腔的反射谱明显不同。标准 F-P 腔反射谱的反射率保持一个定值，而光纤 F-P 腔的反射率先随着腔长的增大而减小，然后随着腔长的增大而增大，最后稳定在一个较低的值上。

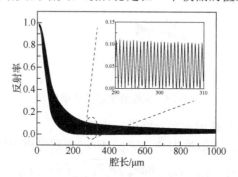

图 2-12　光纤 F-P 腔反射率随腔长变化趋势

对 MEMS 而言，较高的干涉对比度能保证传感器的光学性能，有利于降低噪声、优化解调系统等[52]。图 2-12 中虚线框内（腔长在 300μm 附近时）的干涉条纹的最低反射率均接近于 0，此时干涉条纹的对比度最大，其腔长可以认为是最优腔长。

2.3　MEMS 光纤声压传感器解调技术

解调技术是光纤传感系统的重要组成部分。对 MEMS 光纤传感器而言，当外界待测物理量导致 F-P 腔的腔长、腔内介质折射率等发生变化时，都会引起 F-P 腔相位的变化。通过检测相位的变化即可实现对外界物理量的测量。问题的关键是如何提取相位的变化。目前常用的解调方式主要有两种：一是强度解调方案，其依据是干涉相位的变化引起反射光功率的变化；二是相位解调方案，其依据是 F-P 干涉腔的相位分布同腔长直接相关，如公式（2-2）所示。下面分别介绍其研究现状。实际应用过程中所解调的均为低精细度 F-P 腔，因此下文主要针对双光束干涉信号进行介绍。若有些技术适用于高精细度 F-P 腔解调，会特别加以说明。

2.3.1　强度解调

1. 强度解调基本原理

强度解调系统典型原理如图 2-13 所示。通常使用窄带激光器作为光源，利用光电探测器（photoelectric detector, PD）接收 MEMS 光纤传感器的反射光。所采用的激光器相干长度需远大于 F-P 腔的腔长，由此即可根据反射光强的变化对外界待测信号进行检测。

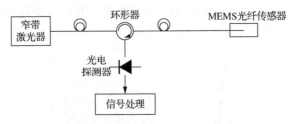

图 2-13　强度解调系统典型原理

以最基本的单波长解调方案为例进行说明。

定义 F-P 干涉仪的灵敏度为 $S = \mathrm{d}R_{\mathrm{FP}} / \mathrm{d}L$，则双光束干涉的灵敏度为

$$S = \mathrm{d}R_{\mathrm{FP}}/\mathrm{d}L = \frac{8\pi n_m \sqrt{R_1 R_2}}{\lambda}\sin\left(\frac{4\pi n_m L_{\mathrm{cav}}}{\lambda}\right) \qquad (2\text{-}28)$$

当 $L_{\mathrm{cav}} = 2(m+1)\lambda / 8$（$m$ 为正整数）时，灵敏度取得最大值 $S_{\max} = 8\pi n_m \sqrt{R_1 R_2}/l$，此时的工作点称为正交工作点（$Q$ 点）。

假设强度解调所用窄带激光器的出射光为理想的单色光，光纤 F-P 腔等效为理想 F-P 腔，工作环境为空气（$n_m=1$），外界入射声压信号频率为 w_s，F-P 腔腔长在外界声压作用下的变化量为 $\mathrm{d}L$，则 F-P 腔的相位公式（2-2）变化为

$$\phi = \frac{4\pi n_m}{\lambda}L_{\mathrm{cav}} + \frac{4\pi n_m}{\lambda}\mathrm{d}L\cos(w_s t) \qquad (2\text{-}29)$$

令 $\phi_0 = 4\pi n_m L_{\mathrm{cav}} / \lambda$，表示 F-P 腔的初始相位，$\phi_s(t) = (4\pi n_m \mathrm{d}L / \lambda)\cos(w_s t)$，表示 F-P 腔在外力作用下的相位变化，反射光强可以表示为

$$I_r = (R_1 + R_2 - 2\sqrt{R_1 R_2}\cos(\phi_0 + \phi_s(t)))I_i \qquad (2\text{-}30)$$

图 2-14 所示为不同初始相位条件下，相同相位变化条件引起的反射光信号变化[53]。从中可以发现，当初始相位设定在 Q 点时，反射光强对相位变化的响应最为灵敏。当相位变化位于 Q 点周围 $\pm\pi/4$ 范围内（图中黑色加粗线段内），反射光强同相位变化之间存在线性关系[28, 52]。利用此关系即可实现对 F-P 腔腔长变化量的强度解调。当初始相位设定在干涉谱波峰或波谷位置附近时，输出响应灵敏度下降明显，且输出结果容易出现失真现象。因此，强度解调时通常将初始相位工作点设定在 Q 点处，此时传感器的动态范围最大，输出结果灵敏度最大且近似恒定。

强度解调算法的优点是灵敏度高、信号响应快、处理简单、成本低，且在测量小扰动信号时非常有效，如测量超声、振动、局部放电和动态应变等。该方法的缺点是其动态范围小、对静态工作点进行控制和稳定比较困难，且非常容易受光源功率扰动和光纤透射损耗的影响。为了克服这些缺点，人们先后提出了工作

点控制法[48, 54-58]、自补偿法[59-61]、正交相位法[50, 62-67]、三波长解调法[68]等对强度解调进行改进。下面对这些方法进行简单介绍。

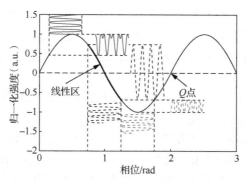

图 2-14　不同工作点处的强度解调结果[53]

2. 强度解调方法简介

1）工作点控制法

F-P 腔的相位由入射光波长和 F-P 腔腔长共同决定，因此改变两者中任何一个参数均可实现对工作点的控制。

2012 年，Tian 等提出一种控制 F-P 腔腔长的方案，如图 2-15 所示[54]。他们利用微结构光纤（microstructure fiber, MF）构成 F-P 腔，光纤的包层内有通孔结构。利用 HF（氢氟酸）将远离 F-P 腔处的一段微结构光纤腐蚀至通孔处，则可以通过调节腐蚀位置处的压力来改变 F-P 腔内的压力，使得 F-P 传感器始终工作在正交工作点处。

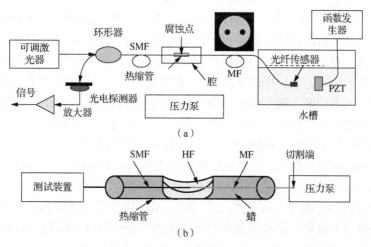

（a）

（b）

图 2-15　一种控制 F-P 腔腔长的方案[54]

可以想象，F-P 腔腔长的调节精度取决于其腔内气压的调节精度。一般情况下，气压的调节精度较低。由于相位具有周期性，在某些情形下，若调节腔内气压使得腔长变化较大，则容易造成膜片的损坏。另外一种调节 F-P 腔腔长的方式是利用 PZT 控制 F-P 腔的引导光纤从而调整 F-P 腔的腔长，但是这种方案破坏了 F-P 传感器的无源特性。此外，这两种方案都不适于传感器的大规模复用，因此适用范围均有限。

相比较控制 F-P 腔腔长，改变入射光波长控制工作点的方案更加具有实用性。目前常见的方案有两种：一是通过控制半导体激光器的工作温度、控制电压或电流的方式实现对输出波长的控制[48, 55, 56]，二是通过利用可调节 F-P 光纤滤波器（fiber Fabry-Perot tunable filter, FFP-TF）从放大自发辐射（amplified spontaneous emission, ASE）等宽带光源中滤出所需波长的窄带光[58]。在实际应用中，一般均需要进行初始化操作以确定正交工作点的位置。利用光谱分析仪直接监测宽带光源的反射信号可以直观地观测工作点的位置，但增加了系统的成本。一般情形下，通过扫描半导体激光器的输出波长或者调解 F-P 滤波器的中心波长可以采集得到 F-P 腔的干涉谱信号，然后选择灵敏度最大的位置为正交工作点即可。当通过改变激光器的输出波长来调节工作点时，需要注意的问题至少应包括：

（1）激光器的波长调节范围应能覆盖至少半个干涉条纹的周期；

（2）激光器的波长调节速率应大于干扰信号引起的腔长变换速率；

（3）激光器的输出功率会发生漂移。

对于第一个问题，利用 $\Delta\lambda_{max}$ 表示激光器可以调节的最大波长范围，则其应满足[56]

$$\Delta\lambda_{max} \geqslant \lambda^2/(2OPD) \tag{2-31}$$

在使用过程中，若光程差 OPD 始终向一个方向变化，或者单次变化幅度较大，使得对应的激光器波长输出值超出范围，则需要将其波长调整至相邻的正交工作点上。此时需要注意的是，输出信号的相位将发生翻转。若后续处理算法对输出信号的相位敏感（如波束形成算法等），则需要对输出结果的相位进行同步翻转。

对于第二个问题，则需要根据具体的应用场合选择合理的波长调节方式。一般而言，利用电压控制激光器的输出波长时，波长调节范围较宽，但是调节速度较慢；而利用电流控制激光器的输出波长时，调节速度较快但波长调节范围较窄。经过简单的计算可以得到，若激光器的调节范围只有 0.5nm（中心波长 1550nm），则对应的初始光程差应该达到约 2.4mm。根据 2.2 节分析可知，此时普通单模 MEMS 光纤传感器的干涉条纹对比度较低，从而降低了系统的解调灵敏度。

对于第三个问题，则通常采用归一化的方式进行消除，即利用耦合器将激光器出射光束分成两路，一路用于正常探测 MEMS 光纤传感器，另一路则作为参考光。两路信号相除之后即可消除光源功率波动的影响[48]。

图 2-16 所示为 2008 年中科院的 Chen 等报道的工作点自校准解调系统示意图[48]。分布式反馈（distributed feedback, DFB）激光器出射光经过 3dB 耦合器后分成两路：一束入射到 MEMS 光纤传感器中，其返回光经 PD 1 接收转换，信号记为 I_1；另一束光则直接利用 PD2 接收转换，记为 I_2。根据干涉谱设定工作点处的信号比值为 S_0，则根据差值 I_1/I_2-S_0 对 DFB 激光器的工作温度进行控制即可实现对输出波长的调整。

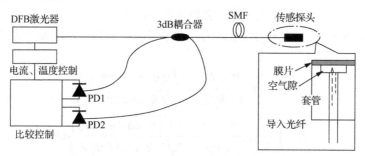

图 2-16 基于 DFB 激光器的工作点自校准解调系统示意图[48]

为了解决光源波动、传输损耗等造成解调结果不稳定的问题，王安波等提出了一种具有自补偿功能的解调系统[69]。该系统用宽带光源作为入射光，利用光学滤波器对 F-P 腔反射信号滤波得到了窄带光和宽带光两个信号。窄带光作为测量光，包含腔长信息和噪声信号；宽带光作为参考光，只包含噪声信号。由于两路信号的传输路径一致，因此可以消除光源波动和传输损耗造成的干扰。光学滤波器的选择可以是光纤光栅，也可以是高精细度的 F-P 滤波器等。于清旭和作者所在课题组都曾研究过该算法[60, 61]。下面以图 2-17 所示结构为例，对该系统的原理进行简要说明。

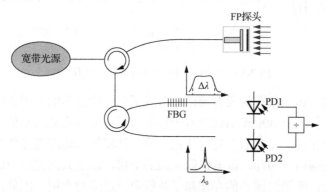

图 2-17 自补偿强度解调系统示意图[61]

利用波段为 1525～1565nm、带宽约 40nm 的 ASE 激光器作为光源，其出射光入射 MEMS 光纤传感器作为探测光。利用 3dB 带宽为 0.2nm 的光纤光栅作为分光器，其反射光为测量光路，透射光作为参考光。已知对于光谱宽度为 $\Delta\lambda$、中心波长为 λ_0 的光源，其相干长度为

$$L_c = \frac{\lambda_0^2}{\Delta\lambda} \qquad (2\text{-}32)$$

窄带反射光的相干长度大于 F-P 腔干涉的光程差，因此能够发生干涉。若参考光相干长度小于 F-P 腔光程差，各级干涉条纹重叠，则无法产生有效的干涉条纹。假设激光器在 1525～1565nm 的光谱平坦，则测量光路和参考光路的光强表达式分别为

$$I_1 = \partial I_0 \frac{R_1 + R_2 + 2\sqrt{R_1 R_2}\cos(4\pi h/\lambda_0)}{1 + R_1 R_2 + 2\sqrt{R_1 R_2}\cos(4\pi h/\lambda_0)} \qquad (2\text{-}33)$$

$$I_2 = \int_{1525}^{1565} \partial I_0 \frac{R_1 + R_2 + 2\sqrt{R_1 R_2}\cos\left(4\pi h/\lambda_0\right)}{1 + R_1 R_2 + 2\sqrt{R_1 R_2}\cos\left(4\pi h/\lambda_0\right)} \mathrm{d}\lambda \qquad (2\text{-}34)$$

通过对以上两式数值求解，可模拟两通道反射光强随腔长变化的情况，如图 2-18 所示。

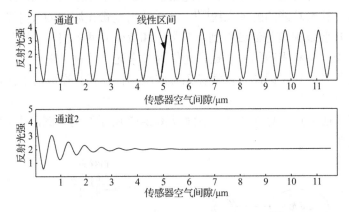

图 2-18　两通道的反射光强随腔长变化[69]

可以看出，第一通道的反射光信号形成了对比度分明的干涉条纹，而第二通道的光强在腔长大于 40μm 后就没有干涉条纹了，光强近似为常值。两通道的光传输路径完全相同，受到的外界干扰也一致。若将第二通道光强作为一个比例基础，令两路光强信号相除，就能消除光源的干扰，以及共同光路中的光纤损耗变化等影响因素，即第二通道的存在起了补偿第一通道的作用。因此，定义第二通道的归一化反射光强为自补偿系数 C，补偿之后的反射光强表达式为

$$\overline{I_{\text{self}}} = \frac{I_1}{C} \qquad (2\text{-}35)$$

自补偿法实质上仍然是强度解调，但实现算法简单、精度高且处理速度快。但需要注意的是，中心工作点的漂移同样会造成解调灵敏度的降低。此外，正交工作点法的线性区间被限制在正交工作点 $\pm\lambda/8$ 的范围内，其动态范围受限。

2）相位正交解调法

为了能在保持高灵敏度的条件下拓展测量的动态范围，研究人员普遍采用的是相位正交解调法。相位正交解调法的核心是在解调光路中构建两束相位相差 $\pi/2$ 的干涉信号，然后通过特定的算法解调出被测的动态信号。其测量的位移分辨力可以达到 0.1nm[70]。

假设所获得的两路正交信号的表达式分别为

$$\begin{cases} f_1 = A + B\cos(\varphi(t)) \\ f_2 = A + B\sin(\varphi(t)) \end{cases} \qquad (2\text{-}36)$$

两路信号之间相差 $\pi/2$。首先通过高通滤波去除直流分量，可得

$$\begin{aligned} g_1 &= B\cos(\varphi(t)) \\ g_2 &= B\sin(\varphi(t)) \end{aligned} \qquad (2\text{-}37)$$

然后可以利用微分交叉相乘（differential-cross multiply, DCM）算法或者反正切（arc-tangent, ARC）算法解算出对应的相位 $\varphi(t)$。下面分别进行简单介绍。

DCM 的算法流程可以用图 2-19 表示。

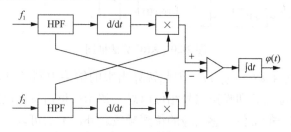

图 2-19 DCM 算法流程图

HPF（high pass filter）：高通滤波器

微分后得到的两路信号表达式分别为

$$\begin{cases} g_{1\_1} = -B\dot{\varphi}(t)\cos(\varphi(t)) \\ g_{2\_1} = B\dot{\varphi}(t)\sin(\varphi(t)) \end{cases} \qquad (2\text{-}38)$$

微分交叉相乘后得到的信号表达式为

$$\begin{cases} g_{1\_2} = -B^2\dot{\varphi}(t)\sin^2(\varphi(t)) \\ g_{2\_2} = B^2\dot{\varphi}(t)\cos^2(\varphi(t)) \end{cases} \qquad (2\text{-}39)$$

差分运算后得到的信号表达式为

$$g_3 = B^2 \dot{\varphi}(t) \tag{2-40}$$

积分运算后得到的信号表达式为

$$g_4 = B^2 \varphi(t) \tag{2-41}$$

直接高通滤波之后的数据进行平方相加即可得到 B^2，由此结合公式（2-41）即可得到待测相位 $\varphi(t)$。

另外求解相位的方法是 ARC 算法，其算法框图如图 2-20 所示。与图 2-19 中所示结构不同，将低通滤波之后得到的结果式（2-37）直接进行除法运算，可以得到结果：

$$g_5 = \tan \varphi(t) \tag{2-42}$$

进行反正切运算之后就可得到相位 $\varphi(t)$。该方案比较简单，但是需要注意的是，反正切函数的使用使得相位的解调结果被限制在 $(-\pi/2, +\pi/2)$ 范围内。若待测值超出了该范围，则容易造成相位的不连续。因此通常需要利用相位累加器来进行修正[68]。

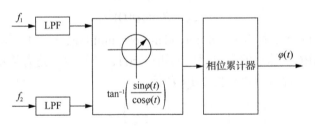

图 2-20　ARC 算法框图

由于 $\varphi(t) = \phi_0 + \phi_s(t) + \phi_n(t)$，因此解算出来的结果中同时包含了初始相位信息、待测信号相位信息和噪声信号相位信息。初始相位信息表现为直流量，而噪声信号相位信息一般都位于感兴趣的待测频段之外，最后可以考虑利用高通滤波器滤除噪声项。

常用的构建正交信号的方法有四种，分别是双腔长法[50,71]、双波长法[62,64,65,67]、三波长法和相位生成载波解调法。下面分别予以简单介绍。

（1）双腔长法。

1991 年，美国的 Murphy 等在同一结构中封装两只腔长不同（假设分别为 d_1 和 d_2）的 F-P 腔。利用两个不同的光源（波长分别为 λ_1 和 λ_2）分别入射两个 F-P 腔，通过微调 F-P 腔的腔长确保其相位正交[50]（图 2-21）。

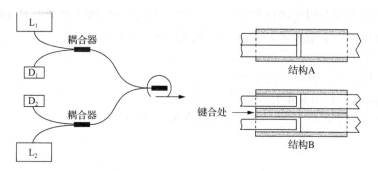

图 2-21　双腔长相位正交法强度解调系统[50]

此时 F-P 腔的腔长和入射波长之间应满足

$$\Delta\varphi_1 - \Delta\varphi_2 = \frac{4\pi d_1}{\lambda_1} - \frac{4\pi d_2}{\lambda_2} = m\pi + \frac{\pi}{2} \tag{2-43}$$

式中，$m = 0, 1, 2, \cdots$ 为自然数。图 2-22 是该强度解调系统的两路输出信号。

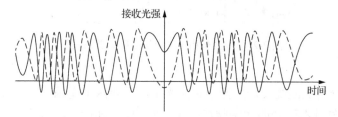

图 2-22　双腔长相位正交法的两路输出信号[50]

也可利用同一个光源，经 3dB 耦合器分光后分别入射到两个 F-P 腔中。但是此种情况下保证相位的正交将变得更加困难。即便是针对第一种情形，实际应用过程中，除了控制两个 F-P 腔的腔长之外，还可以通过调节激光器的输出波长来调节相位，操作性更强一些。但是双 F-P 腔结构的加工较为困难，因此该方法并不实用。

（2）双波长法。

加工双 F-P 腔较为困难。将图 2-21 中的结构简化：假设两个 F-P 腔腔长一致（均为 d_0），合并为同一个 F-P 腔，则通过调节两个激光器的波长 λ_1 和 λ_2，可以构造得到正交信号。此时两个激光器的波长之间应该满足

$$\frac{\lambda_2 - \lambda_1}{\lambda_1\lambda_2} = \left(m + \frac{1}{2}\right)\frac{1}{4d_0} \tag{2-44}$$

式中，$m = 0, 1, 2, \cdots$ 为自然数。给定一个波长 λ_1 之后，利用（2-44）即可得到另一个波长 λ_2 的取值。需要注意的是，在求取波长 λ_2 的取值时，需要事先给出 m 的取值。为此，通常需要实现给出待测 F-P 腔的初始腔长 d_0 和所用波长的取值区间，然后根据公式（2-43）和公式（2-44）进行计算。初始腔长 d_0 的获取通常需要采

用 2.3.2 节中所介绍的相位解调方法。相比较直接设置激光器的波长获取正交信号，通过微调一个激光器的输出，观察两路输出信号的李萨如图形更加方便。当李萨如图形呈现标准的圆形分布时，即可认定两路信号之间正交。

同样可以利用宽带光源结合窄带滤波器的方式构造正交信号。2001 年，葡萄牙的 Dahlem 等利用宽带光源照射 MEMS 光纤传感器，并利用两个 FBG 滤出两路相互正交的测量光信号[62]，其实验装置图如图 2-23 所示。

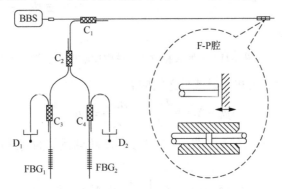

图 2-23　双波长相位正交法强度解调系统[62]

BBS（broad-band light source）：宽带光源

相位正交解调法需要产生两个正交光束，需要两个光源或者滤波器、两个光电探测器，会引入额外的光学噪声和电学噪声。根据公式（2-44），两个波长与F-P 腔的初始腔长之间存在严格的制约关系。而为了得到初始腔长，需要实现利用光谱测量或者扫频的方式进行初始化操作。在传感器应用过程中，若初始腔长发生漂移，则相位的正交关系可能发生破坏。此外，干涉条纹的直流量消除也并不容易。

激光器技术的发展为解决上述问题提供了新的方案。2019 年，大连理工大学的研究人员利用新型的 MG-Y（调制光纤 Y 分型）激光器搭建了共光路的双波长相位正交解调系统，如图 2-24 所示[72]。

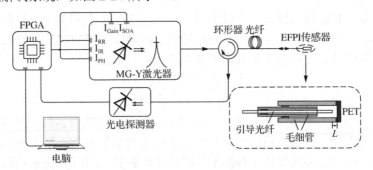

图 2-24　共光路双波长相位正交法强度解调系统[72]

MG-Y 型激光器是 VT-DBR 激光器（游标调谐分布式布拉格反射型激光器）的一种。其波长可调宽度＞40nm，切换时间＜20ns，边模抑制比＞40dB。该系统利用 FPGA 进行精确的波长控制和数据采集。在解调时，同样先通过扫频过程提取 F-P 腔的腔长、FSR 和直流分量，然后在时域中分离提取正交信号，并将数据送到上位机内进行相位恢复。由于波长的切换速率高达 500kHz，因此利用单个光电探测器即可实现双路正交信号的分离与提取；通过精确的调节控制电流，可以将激光器的输出功率在整个输出波段范围内调整一致；当 F-P 腔的腔长发生漂移时，可以通过再次初始化提取变化后的腔长和直流分量。

（3）三波长法。

三波长法属于双波长相位正交解调法的拓展。其在双波长的基础上增加了一路信号，通过整理和变换，构造出类似的正切关系。该方法最早由 Schmidt 等于 1999 年提出[68, 73]，其光路示意图如图 2-25 所示。

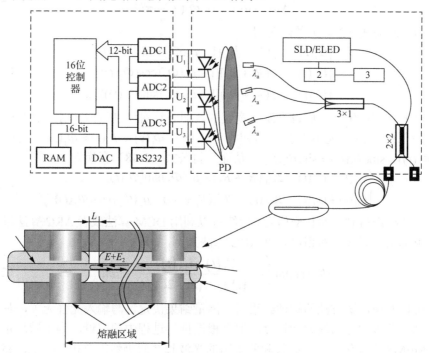

图 2-25　三波长解调方案示意图[68]

RAM（random access memory）：随机存储器。DAC（digital to analog converter）：数模转换器。
ELED（entangled light-emitting diode）：纠缠发光二极管

该解调结构由一个超发光二极管（super-luminescent diodes, SLD）光源、环形器、传感器、耦合器、解调模块和数据处理模块组成。SLD 的出射光经耦合器入射到待测 MEMS 光纤传感器中，反射光经过三个滤波器之后分成三个波长的光信号，经过光电探测器之后再利用模数转换器（analog to digital converter, ADC）采集，最后利用信号处理单元进行处理。假设光源符合高斯光谱分布，三个滤波器的中心波长分别为 λ_i，得到三路输出信号分别为[74]

$$U_i(t) = U_0(R_1 + R_2)(1 - \mu_i(\Phi_i)\cos(\Phi_i(t) + \Delta\Phi_{2i})) \tag{2-45}$$

式中，$i = 1,2,3$，$\Phi_i = \Phi_0 + \Delta\Phi_i$，$\Phi_0 = 4\pi L_0/\lambda_i$ 为初始相位，$\Delta\Phi_i = 4\pi\Delta L_0/\lambda_i$ 表示待测的相位。条纹对比度的表示为

$$\mu_i(\Phi_i) = \frac{2\sqrt{R_1 R_2}}{R_1 + R_2}\exp\left(-\Phi_i^2(t)\left(\frac{\delta\lambda}{\lambda}\right)^2\right) \tag{2-46}$$

通过调节滤波器可以精确调节波长 λ_1 和 λ_2，使得三个波长之间满足正交关系，即

$$\begin{cases} \Delta\Phi_{12} = \Phi_1(\lambda_1) - \Phi_2(\lambda_2) = \pi/2 \\ \Delta\Phi_{23} = \Phi_2(\lambda_2) - \Phi_3(\lambda_3) = \pi/2 \end{cases} \tag{2-47}$$

由此对公式（2-45）整理可得

$$\begin{cases} U_1(t) = U_0(R_1 + R_2)(1 - \mu_1(\Phi_1)\sin(\Phi_1(t))) \\ U_2(t) = U_0(R_1 + R_2)(1 - \mu_2(\Phi_2)\cos(\Phi_2(t))) \\ U_3(t) = U_0(R_1 + R_2)(1 - \mu_3(\Phi_3)\sin(\Phi_3(t))) \end{cases} \tag{2-48}$$

对上式进行化简。假设光源带宽较窄，即条纹对比度近似相等，且腔长在外力作用下的变换量远小于腔长的初始值，则有 $\Phi_1(v) \approx \Phi_2(t) \approx \Phi_3(t)$，进而可得 $\sin(\Phi_1(t)) \approx \sin(\Phi_2(t)) \approx \sin(\Phi_3(t))$，从而可将公式（2-48）变换为

$$\begin{cases} U_1(t) - U_3(t) = 2U_0(R_1 + R_2) \times \mu_2(\Phi_2)\sin(\Phi_2(t)) \\ U_1(t) + U_3(t) - 2U_2(t) = 2U_0(R_1 + R_2) \times \mu_2(\Phi_2)\cos(\Phi_2(t)) \end{cases} \tag{2-49}$$

由此构造得到两路正交信号。后续可以利用 DCM 算法或者 ARC 算法进行运算，求解出中间波长的相位。以 ARC 算法为例，可得

$$\Phi_2 = \arctan\left(\frac{U_1(t) - U_3(t)}{U_1(t) + U_3(t) - 2U_2(t)}\right) \pm m\pi \tag{2-50}$$

可以发现，该方法的解调结果只由测量结果决定，与输入光强无关，具有较大的动态范围和更高的解调精度。但是根据推导过程中的假设，为了满足正交条件，MEMS 光纤传感器的腔长和所采用的光波长之间仍然需要相互匹配。赵文涛等的研究表明，相位偏离正交条件时，解调精度将大大降低[74]。

与双波长正交解调方法的改进类似，同样可以利用高速调制的 MG-Y 型激光器进行单光路的三波长相位正交解调[75]。感兴趣的读者可以参考相关文献。

（4）相位生成载波解调法。

上述借助双波长或者双腔长法产生正交相位的方法本质上属于被动解调法。接下来介绍的相位生成载波（phase generated carrier, PGC）则是属于主动解调法[76]。

该方法通过在光纤干涉仪中引入一个频率在待检测信号带宽外、幅值较大的相位调制信号，实现对待测信号的移频和检测，可以在消除环境变化引起的信号衰落的同时保持很高的相位检测灵敏度，且具有本质的复用能力，是一种非常成熟的解调技术。该技术在传统的 Michelson 和 Mach-Zehnder 等双光束干涉仪中已经获得了广泛的应用，目前已经成功应用在 MEMS 光纤传感器的解调中[77-82]。

实现 PGC 技术的关键是在解调系统中产生足够的相位调制深度。目前常用的方法有三种：一是采用 PZT 在光纤传感器中引入相位调制（外调制）；二是在路径匹配差分干涉仪（path matched differential interferometer, PMDI）中进行相位调制；三是直接对激光器的输出光进行相位调制（内调制）。

外调制通常更适应于 Michelson 和 Mach-Zehnder 干涉仪。这两类传感器通常有两个独立的光路，将其中传感光路的光纤缠绕在高精度的 PZT 器件上。当 PZT 在载波作用下产生逆压电效应时，将在缠绕的光纤内导致折射率和长度的变化，从而引入载波信号。但是对于 MEMS 光纤传感器，通常只有一路传输光路，通过缠绕的方式引入载波方式较为困难。第一种方案是将光纤的出射端固定在 PZT 执行器上[83,84]，通过 PZT 执行器的振动带动光纤末端轴向运动，从而与反射膜片之间产生相位调制信号。外调制技术可以方便地实现低噪声和高分辨率测量，但是 PZT 的引入消除了光纤传感器的抗电磁干扰能力，也限制了传感器的体积[77]，从而限制了其在很多领域中的应用。第二种方案既可以用于长腔长型 F-P 传感器，也可以用于短腔长型 F-P 传感器，但该方案需要在解调端额外搭建路径匹配差分干涉仪，系统复杂[85]。第三种方案，即内调制方案通过对激光器的输出光进行相位调制，避免了在传感器中引入电学元件，但该方案对激光器的高频调制性能提出了较高的要求。在基于 PGC 解调的 MEMS 光纤传感器中，通常用电流驱动的 DFB 激光器作为光源进行内调制[78-80]。DFB 激光器具有良好的高频特性和较宽的调频区间，适合于短腔长型 MEMS 光纤传感器的解调。但 DFB 激光器的输出光功率也会被驱动电流同时调制，即光强调制（light intensity modulation, LIM）效应，该效应会在解调结果中引入谐波分量，需要利用特殊的算法消除[86]。

对 MEMS 光纤传感器而言，更常见的相位载波生成方式是内调制，通常利用半导体器激光器实现。

PGC 的解调算法主要有两种：DCM 和 ARC。DCM 算法具有解调简单，对硬件要求低的特点，已经十分成熟，在多种光纤传感系统中得到应用。ARC 算法是对倍频后的信号直接进行 ARC 运算，过程简单，运算量较大，但随着现代数字信号处理器的出现及其性能的提升，该方案也得到了发展并且逐渐走向应用。

以如图 2-26 所示的 PGC-DCM 算法进行说明。

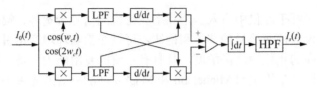

图 2-26　PGC-DCM 算法流程图

LPF（low pass filter）：低通滤波器

图 2-26 中 $I_0(t)$ 为经载波调制后的 MEMS 光纤传感器反射光信号。假设内调制载波频率为 w_c，激光器输出光频率偏移 Δv，外界待测信号产生相位变化为 $\phi_s(t)$，环境漂移带来的随机相位变化为 $\phi_n(t)$，则 $I_0(t)$ 可以表示为

$$I_0(t) = A + B\cos(\phi_0 + C\cos(w_c t) + \phi_s(t) + \phi_n(t)) \tag{2-51}$$

$$C = 2\pi n_m L_{\text{cav}} \Delta v / c \tag{2-52}$$

式中，$A = (R_1 + R_2)I_i$ 表示干涉条纹直流量幅值；$B = -2(R_1 R_2)^{1/2} I_i$ 表示干涉条纹交流量幅值；c 表示真空中光速；C 表示调制度。

令 $\varphi(t) = \phi_0 + \phi_s(t) + \phi_n(t)$，有

$$I_0(t) = A + B\cos(C\cos(w_c t) + \varphi(t)) \tag{2-53}$$

将表达式（2-53）用贝塞尔函数展开，有

$$I = A + B\left(\left(J_0(C) + 2\sum_{k=1}^{\infty}(-1)^k J_{2k+0}(C)\cos((2k+0)w_0 t)\right)\cos\varphi(t)\right.$$

$$\left. -2\left(\sum_{k=0}^{\infty}(-1)^k J_{2k+1}(C)\cos((2k+1)w_0 t)\right)\sin\varphi(t)\right) \tag{2-54}$$

利用 PGC-DCM 算法对干涉仪的输出信号（2-54）进行处理，遵循以下步骤。

第一步，利用幅度分别为 G 和 H、角频率分别为 w_0 和 $2w_0$ 的载波信号进行混频，得到的结果分别为

$$IG\cos(w_0 t) = AG\cos(w_0 t) + BGJ_0(C)\cos(w_0 t)\cos\varphi(t)$$

$$+BG\cos\varphi(t)\sum_{k=1}^{\infty}(-1)^k J_{2k+0}(C)(\cos((2k+1)w_0 t) + \cos((2k-1)w_0 t))$$

$$-BG\sin\varphi(t)\sum_{k=0}^{\infty}(-1)^k J_{2k+1}(C)(\cos((2k+2)w_0 t) + \cos((2k+0)w_0 t)) \tag{2-55}$$

$$IH\cos(2w_0 t) = AH\cos(2w_0 t) + BHJ_0(C)\cos(2w_0 t)\cos\varphi(t)$$

$$+BH\cos\varphi(t)\sum_{k=1}^{\infty}(-1)^k J_{2k+0}(C)(\cos((2k+2)w_0 t) + \cos((2k-2)w_0 t))$$

$$-BH\sin\varphi(t)\sum_{k=0}^{\infty}(-1)^k J_{2k+1}(C)(\cos((2k+3)w_0 t) + \cos((2k-1)w_0 t)) \tag{2-56}$$

第二步，进行低通滤波后得到的两路信号表达式分别为

$$\begin{cases} -BGJ_1(C)\sin\varphi(t) \\ -BHJ_2(C)\cos\varphi(t) \end{cases} \tag{2-57}$$

可以发现，公式（2-57）表示的两路信号正交，消除系数 $B^2GHJ_1(C)J_2(C)$ 的影响，即可得到纯粹的相位信号。剩下的步骤可以按照 DCM 算法或者 ARC 算法进行求解，与上文介绍一致，在此不再叙述。

关于实现过程中的一些具体问题，可以参考文献[87]、[88]。其中，根据公式（2-57）可知，调制度 C 的值对解调的结果比较重要。通常情况下，为了让信号的幅度相等，需要使得 $J_1(C)=J_2(C)$；或者为了让解调结果对 C 值的变化不敏感，则有 $\mathrm{d}(J_1(C)J_2(C))/\mathrm{d}(C)=0$。也有研究人员相继改进了解调算法，实现了对 C 值变换或者强度扰动不敏感的解调方案[89, 90]。此外，PGC 方法也已被用于高精细度 F-P 传感器解调之中[16]，感兴趣的读者可以关注。

图2-27所示为2013年重庆大学的王代华等利用内调制PGC-ARC算法对MEMS光纤振动传感器进行信号解调的原理。DFB 激光器的输出光频率通过驱动电流进行调制。通过将 DFB 激光器的输出光的一部分作为参考光，消除 LIM 的影响[80]。

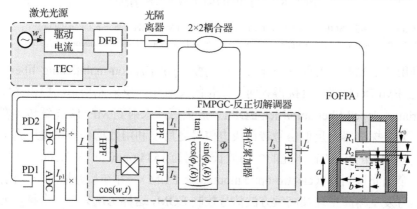

图 2-27 基于 PGC 解调算法的 MEMS 光纤振动传感器信号解调原理[80]

FOFPA（fiber optic F-P accelerometer）：光纤 F-P 加速度计。

FMPGC（frequency modulated phase generated carrier）：调频相位生成载波

3）相位正交解调法的改进

相位正交解调法的核心是构造两路相位相差 $\pi/2$ 的信号。但是，根据公式（2-44），为了满足相位正交的条件，F-P 传感器的初始腔长和探测用的激光器的波长之间相互制约。当传感器的腔长在外界干扰下发生变化时，相位正交关系被破坏，解调结果出现误差[74]。如何在相位正交关系不满足的条件下进行高精度

解调，是研究人员一直关心的问题。

2016 年，Xia 等报道了一种巧妙的全新双波长解调算法[67]。该方法中两个波长的光共用同一光路和解调电路，有效地消除了光路噪声和电噪声，其系统原理图如图 2-28 所示。

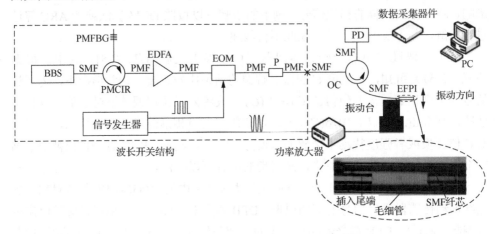

图 2-28　基于 PMFBG 的双波长解调法[67]

P（polarizer）：偏振器。SMF（single mode fiber）：单模光纤。PMF（polarization-maintaining fiber）：保偏光纤。

PMCIR（polarization-maintaining circulator）：保偏环形器。OC（optical circulator）：光纤环形器

利用宽带光源入射保偏光纤布拉格光栅（polarization-maintaining fiber Bragg grating, PMFBG）即可直接得到两个波长的反射光，反射光功率经掺铒光纤放大器（erbium-doped fiber amplifier, EDFA）放大后，入射到 MEMS 光纤传感器中，再利用光电探测器将反射信号转化成电信号之后，利用数据采集系统送到上位机进行处理。PMFBG 的输出光的中心波长分别为 1534.6nm 和 1535.1nm。在光路中插入一个电光调制器（electro-optic modulator, EOM），并在后方插入一个偏振器。利用信号发生器产生连续高频方波信号控制 EOM，这样每次只有一个特定方向的偏振光可以通过偏振片，从而在时域上实现两个波长信号的分离。最后利用椭圆拟合和微分交叉相乘算法进行信号处理。其解调原理简单介绍如下。

首先假设两个波长对应的测量信号分别为 P_1 和 P_2，则有

$$\begin{cases} P_1 = A_1 + B_1 \cos\phi(t) \\ P_2 = A_2 + B_2 \cos\phi(t) + C_2 \sin\phi(t) \end{cases} \tag{2-58}$$

式中，$\phi(t)$ 表示待测信号相位。采用椭圆拟合方法来估计系数 A_1, A_2, B_1, B_2, C_2。将 P_1 和 P_2 作为一个标准椭圆的隐函数，可得

$$L(a, P) = a \cdot P = P_1^2 + a_1 P_1 P_2 + a_2 P_2^2 + a_3 P_1 + a_4 P_2 + a_5 = 0 \tag{2-59}$$

通过测量得到的数据 P_1 和 P_2，可以计算得到公式（2-59）的系数，进而可以得到公式（2-58）中的系数

$$
\begin{cases}
A_1 = (-2a_2 A_2 - a_4)/a_1 \\
A_2 = (-2a_4 - a_1 a_2)/(a_1^2 - 4a_2) \\
B_1^2 = (a_2 C_2^2)/(1 - (a_1^2/4a_2)) \\
B_2 = a_1 B_1/(-2a_2) \\
C_2^2 = (A_1^2 + a_1 A_1 A_2 + a_2 A_2^2 + a_3 A_1 + a_4 A_2 + a_5)/(-a_2)
\end{cases}
\tag{2-60}
$$

根据计算得到的系数即可消除公式（2-58）中的直流分量，后续即可参考前面所介绍的 DCM 算法解算得到待测信号的相位 $\phi(t)$，其表达式为

$$
\phi(t) = \int \frac{\dfrac{\mathrm{d}((P_2 - A_2)/B_2)}{\mathrm{d}t}((P_1 - A_1)/B_1) + \dfrac{\mathrm{d}((P_1 - A_1)/B_1)}{\mathrm{d}t}((P_2 - A_2)/B_2)}{\sin(\arctan(C_2/B_2))} \mathrm{d}t \tag{2-61}
$$

该方法对 F-P 腔的初始腔长并不敏感，且可以消除光源功率扰动、传输损耗和电噪声等带来的影响，是一种很有应用前景的解调技术。

2018 年，Jia 等[91]提出了传统相位正交解调技术的改进方案，用于实现对任意腔长的 EFPI 结构的解调。其解调系统的实验装置同传统相位正交解调方案一致，在此不再叙述。假设两个光路接收到的信号分别为

$$
\begin{cases}
f_1 = A + B\cos\left(\dfrac{4n\pi}{\lambda_1}(d_0 + k \times g) + \pi\right) \\[2mm]
f_2 = A + B\cos\left(\dfrac{4n\pi}{\lambda_2}(d_0 + k \times g) + \pi\right)
\end{cases}
\tag{2-62}
$$

式中，k 是传感器的灵敏度；g 表示待测输入信号。当无外加信号时，两路信号的值为常数，即

$$
\begin{cases}
F_1 = A + B\cos\left(\dfrac{4n\pi}{\lambda_1}d_0 + \pi\right) \\[2mm]
F_2 = A + B\cos\left(\dfrac{4n\pi}{\lambda_2}d_0 + \pi\right)
\end{cases}
\tag{2-63}
$$

由此可得

$$
F_1 - F_2 = B\cos\left(\frac{4n\pi}{\lambda_1}d_0 + \pi\right) - B\cos\left(\frac{4n\pi}{\lambda_2}d_0 + \pi\right) \tag{2-64}
$$

则干涉条纹的对比度 B 为

$$B = \frac{F_1 - F_2}{\cos\left(\dfrac{4n\pi}{\lambda_1} d_0 + \pi\right) - \cos\left(\dfrac{4n\pi}{\lambda_2} d_0 + \pi\right)} \tag{2-65}$$

进而可得直流分量 A 为

$$A = F_1 - \frac{\left(F_1 - F_2\right)\cos\left(\dfrac{4n\pi}{\lambda_1} d_0 + \pi\right)}{\cos\left(\dfrac{4n\pi}{\lambda_1} d_0 + \pi\right) - \cos\left(\dfrac{4n\pi}{\lambda_2} d_0 + \pi\right)} \tag{2-66}$$

由此即可消除测量信号中的直流分量，公式（2-62）可以化简为

$$\begin{cases} I_1 = f_1 - A = B\cos(\theta_t) \\ I_2 = f_2 - A = B\cos(\theta_t + \beta) \end{cases} \tag{2-67}$$

式中，$\theta_t = 4n\pi d_t / \lambda_1 + \pi$；$\beta = 4n\pi d_t / \lambda_2 - 4n\pi d_t / \lambda_1$。当 F-P 腔的腔长变化远小于其初始腔长时，可以得到 $d_t \approx d_0$，可以得到相位差 β 的表达式为

$$\beta \approx 4n\pi \frac{\lambda_1 - \lambda_2}{\lambda_1 \lambda_2} d_0 \tag{2-68}$$

从而将 I_2 改写为

$$I_2 = B\cos(\theta_t + \beta) = B\cos\theta_t \cos\beta - B\sin\theta_t \sin\beta \tag{2-69}$$

需要注意的是，此时相位差 β 可以视为常数，结合式（2-67）中 I_1 的表达式可以构造出两路正交信号

$$\begin{cases} S_1 = (\sin\beta) B(\sin\theta_t) \\ S_2 = (\sin\beta) B(\cos\theta_t) \end{cases} \tag{2-70}$$

由此即可利用 DCM 算法或者 ARC 算法解调得到待测的相位变化。该方案对初始相位的正交性没有要求，因此几乎适用任意腔长的 EFPI 结构。

图 2-29 和图 2-30 分别是初始腔长为 129.946μm 和 153.128μm 时，对 100Hz 的入射声信号的测量结果及对应的解调结果。两图中，（a）均为实测数据，（b）均为李萨如图形，（c）均为解调结果，（d）均为功率谱密度。

从解调结果中可以发现，两种情形下的李萨如图形均不是标准的圆形，这意味着初始信号之间不正交。但从图 2-29 和图 2-30 的（c）和（d）中可以发现，两个腔长下均解调出了 100Hz 的入射声信号。

该算法使得在任意腔长下的相位正交信号解调成为可能，具有较强的工程实用价值。进一步，Jia 等将其推广到了三波长相位正交解调方案中[92]，并提出了波长对称的相位正交解调方案[93]。限于篇幅，本书不再进行介绍。感兴趣的读者可以参考相关文献。

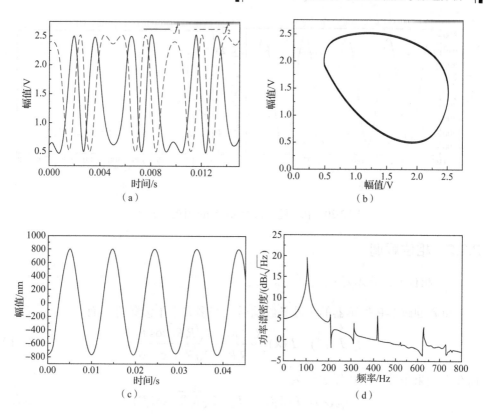

(a)

(b)

(c)

(d)

图 2-29　初始腔长为 129.946μm 时的实验结果

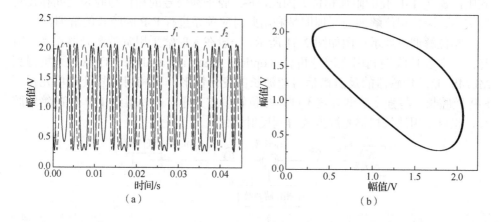

(a)

(b)

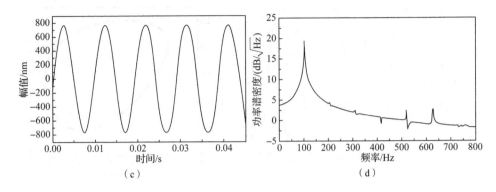

（c）   （d）

图 2-30　初始腔长为 153.128μm 时的实验结果

2.3.2　相位解调

1. 相位解调基本原理

重新回顾 F-P 传感器的干涉条纹信号。在多光束干涉条件下有

$$I_{FP}(\lambda) = I_i(\lambda) \frac{R_1 + R_2 - 2\sqrt{R_1 R_2} \cos\phi}{1 + R_1 R_2 - 2\sqrt{R_1 R_2} \cos\phi} \qquad (2\text{-}71)$$

而在双光束条件下，可以表示为

$$I_{FP}(\lambda) = I_i(\lambda)(R_1 + R_2 - 2\sqrt{R_1 R_2} \cos(\phi)) \qquad (2\text{-}72)$$

在垂直入射条件下，上述表达式中的相位信号均为（介质折射率设为1）

$$\phi = 4\pi L_{cav}/\lambda + \phi_0 \qquad (2\text{-}73)$$

式中，ϕ_0 为 F-P 腔的附加相位。因此，F-P 腔干涉信号的相位与腔长之间存在对应关系，因此相位解调的原理即是利用此对应关系进行 F-P 腔腔长的解调。

相位解调原理示意图如图 2-31 所示，一般在入射端采用宽带激光器作为入射光源，并在接收端利用光谱分析仪（optical spectrum analyzer, OSA）采集得到 MEMS 光纤传感器的反射谱信号随波长的变化情形，再利用信号处理单元得到 F-P 腔腔长。与强度解调方案不同，相位解调方案通常可以得到 F-P 腔的绝对腔长，也可采用波长扫描光源方式得到反射谱信号。

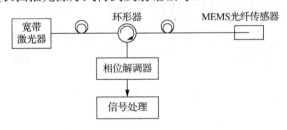

图 2-31　相位解调典型原理图

相位解调方案内涵较为丰富，可归入其中的方法有条纹检测法[94]、频谱变换法[95]、互相关腔长匹配法[96]、路径匹配干涉法[85, 97]等。

2. 相位解调方法简介

1）单峰解调法

条纹检测法、频谱变换法和互相关腔长匹配法都可以得到 F-P 腔的绝对腔长，本书将其称为腔长解调法并集中介绍。

单峰解调的方式是通过追踪干涉谱中特定点来进行信号解调，比如波峰位置或者波谷位置。以干涉条纹中的波峰位置为例，假设此时的波长信号为 λ_m，其相位信号应满足

$$\frac{4\pi L_{cav}}{\lambda_m} + \phi_0 = m2\pi \qquad (2\text{-}74)$$

式中，m 为非负整数。由此可以计算得到 F-P 腔腔长的表达式为

$$L_{cav} = \frac{(m2\pi - \phi_0)}{4\pi}\lambda_m = \frac{K_m}{2}\lambda_m \qquad (2\text{-}75)$$

式中，

$$K_m = \frac{(m2\pi - \phi_0)}{4\pi} = m - \frac{\phi_0}{2\pi} \qquad (2\text{-}76)$$

显然，对于特定的条纹阶数，K_m 的值是一个常数。对于特定的光谱峰值波长，在得到 K_m 之后即可解算得到 F-P 腔腔长。需要有特殊的技术以确定干涉条纹的阶数 m。由于峰值波长测量误差 $\Delta\lambda$ 造成的腔长解调误差 ΔL_{cav} 之间满足

$$\left|\frac{\Delta L_{cav}}{L_{cav}}\right| = \left|\frac{\Delta\lambda}{\lambda}\right| \qquad (2\text{-}77)$$

由此可见，单峰解调法的测量精度主要取决于光谱仪的稳定性、波长分辨率、信噪比和寻峰算法的精度等。一般而言，为了提高信噪比，通常在信号处理的第一步用数字滤波器进行平滑处理，然后通过寻找光谱中的局部最大值来进行粗略的波峰寻址，最后利用特定区域中所有的光谱数据来进行精确寻址。

单峰追踪法的分辨率高，但是在特定的光谱范围内通常只允许出现一个峰值信号，因此其动态范围有限。

2）双峰解调法

利用干涉谱中两个或者更多的特定点数据，也可以得到 F-P 腔的腔长，并且可以消除干涉阶数模糊的问题，同时提高测量的动态范围。

根据公式（2-73）可得两个波长 λ_1 和 λ_2 所对应的相位差为

$$\Delta\phi = 4\pi L_{cav}\left(\frac{1}{\lambda_1} - \frac{1}{\lambda_2}\right) \qquad (2\text{-}78)$$

因此，如果能测量得到两个波长之间的相位差，即可解算得到 F-P 腔的腔长。由三角函数的周期性可知，F-P 干涉条纹上相邻的两个波峰或者波谷之间的相位差为 2π，即

$$4\pi L_{cav}\left(\frac{1}{\lambda_1}-\frac{1}{\lambda_2}\right)=2\pi \tag{2-79}$$

则腔长 L_{cav} 可以表示为

$$L_{cav}=\frac{1}{2}\frac{\lambda_1\lambda_2}{\lambda_1-\lambda_2} \tag{2-80}$$

显然，此方法可以克服单峰解调中的干涉条纹阶数模糊的问题，同时其动态范围不再受单峰位置的限制。从公式（2-80）可知，腔长的解调精度同样取决于波峰或者波谷的腔长读取精度。但是同单峰解调方法相比，双峰解调法的解调精度下降较多。峰值波长测量误差（如 $\Delta\lambda_1$）与对应的腔长解调误差（ΔL_{cav}）之间满足

$$\left|\frac{\Delta L_{cav}}{L_{cav}}\right|\cong\sqrt{2}\left|\frac{\lambda_2}{\lambda_1-\lambda_2}\right|\left|\frac{\Delta\lambda_1}{\lambda_1}\right| \tag{2-81}$$

同公式（2-77）相比较，双峰解调法的相对测量误差放大了 $\sqrt{2}\left|\lambda_1/(\lambda_1-\lambda_2)\right|$ 倍，且干涉条纹越密，相对测量误差越大。

可以进一步利用多峰解调法来实现 F-P 腔腔长的解调，但计算量较大[94, 98]。一个同时获得高精度和绝对测量的方案是同时利用单峰解调法和双峰解调法[99]。其基本步骤如下：

（1）根据所测量的光谱，利用双峰解调法［公式（2-80）］计算得到腔长的粗略估计值。

（2）利用公式（2-75），计算得到双峰中一个峰值处对应的估计值 K'_m。

（3）利用事先校准得到的某一峰值波长处的 K_m^0 值，计算得到准确的 K_m 值。其原理是波峰之间的条纹阶数为整数，则有

$$K_m=K_m^0+\mathrm{INT}(K'_m-K_m^0+0.5) \tag{2-82}$$

式中，INT(·)表示得到括号内数据的整数部分。

（4）将准确的 K_m 值再次代入公式（2-75），即可求出精确的 F-P 腔腔长。

双峰解调法的推广方案是采用阶数相差为 q 的峰峰值进行测量。此时，公式（2-79）表示为

$$4\pi L_{cav}\left(\frac{1}{\lambda_m}-\frac{1}{\lambda_{m-q}}\right)=2q\pi \tag{2-83}$$

由此可得

$$L_{\text{cav}} = \frac{q}{2} \frac{\lambda_m \lambda_{m-q}}{\lambda_{m-q} - \lambda_m} \tag{2-84}$$

相比较双峰解调法,此时腔长测量的灵敏度放大了 q 倍。但类似于公式(2-81),此时测量的相对误差也同样放大了 q 倍。

单峰解调法和双峰解调法仍在不断发展中。例如荆振国等提出利用反向传输神经网络实现谱峰级次识别,从而进行多个谱峰的连续跟踪,可以同时实现高精度、大动态范围的测量[100,101],感兴趣的读者可以查阅文献[102]。

3)傅里叶变换解调法

频谱变化法通常针对双光束干涉使用,通过对 F-P 反射谱信号做频谱变化,在频域中直接得到 F-P 腔的腔长信息,最常采用的是傅里叶变换。也有研究者采用离散小波变换(discrete wavelet transform)结合希尔伯特变换(Hilbert transform)对该方法进行了改进[103]。作为基础,此处将重点介绍传统的傅里叶变换解调法。

利用傅里叶变换解调法的关键在于得到 F-P 腔的干涉谱信息。通常有两种方法用于得到 F-P 腔的干涉谱信息:一是波长扫描法,即扫描激光器的输出波长,利用光电探测器记录不同波长时的反射光信号[104];二是采用宽带光源,利用光谱分析仪来计算反射光信号。通常情形,这两种方法的测量速率均较慢,不适合高速测量[61]。若要利用白光干涉技术进行动态信号测量,需要提高光谱分析的采集速率。

重新观察公式(2-72),将其调整成下列形式:

$$I_{\text{FP}}(\lambda) = (R_1 + R_2) I_i(\lambda) \left(1 - \gamma \cos\left(\frac{4\pi L_{\text{cav}}}{\lambda} + \phi_0 \right) \right) \tag{2-85}$$

式中, $\gamma = 2\sqrt{R_1 R_2} / (R_1 + R_2)$ 表示干涉条纹对比度。为了简化,不考虑 R_1 和 R_2 存在的影响。进一步将式(2-85)重新改写以波数 $k = 2\pi/\lambda$ 为单位的函数

$$I_{\text{FP}}(k) = I_i(k)(1 - \gamma \cos(k \cdot \text{OPD} + \phi_0)) \tag{2-86}$$

可以发现,若以波数 k 为自变量,则反射谱是以光程差 $\text{OPD} = 2L_{\text{cav}}$ 为角频率的周期函数。对公式(2-86)进行傅里叶变换,根据其在频域的峰值位置即可解算得到 F-P 腔的腔长。此时需要注意的地方包括:

(1)采集得到的干涉谱信号通常是按照波长 λ 进行等间隔采样的,但是转换成波数之后不再满足等间隔采样要求。因此对公式(2-86)进行傅里叶变换前应进行波数重采样,使之满足等间隔要求。通常采用三次样条插值的方法进行,此时重采样造成的测量误差可以忽略不计[105]。

(2)在工程应用中,理想的宽带光源并不存在。通常情形下,实际光源的强度与波长之间呈现近似高斯分布,但对波数而言并不呈现高斯分布。此时其傅里叶变换情形复杂。而根据傅里叶变换的性质可知,光源的包络 $I_i(k)$ 的傅里叶变换

结果将同余弦函数的傅里叶变换结果发生卷积，使得信号的处理复杂，并影响峰值提取的准确性。因此在对公式（2-86）进行傅里叶变换之前，通常需要去除光源包络的影响。不失一般性，假设去除光源包络后新的包络线为

$$I_1'(k) = I_1\left(k + \frac{1}{2}(k_1 + k_0)\right) \tag{2-87}$$

式中，k_0 为光谱的第一个数据点的波数；k_1 为光谱的最后一个数据点的波数；$I'(k)$ 为一个偶函数，将其平移到光谱仪所采集得到的范围内，可得新的干涉谱表达式为

$$I_{FP}(k) = I_1\left(k + k_0 - \frac{1}{2}(k_1 + k_0)\right)(1 - \gamma\cos(k \cdot OPD + \phi_0)) \tag{2-88}$$

对公式（2-88）进行傅里叶变换可得

$$I_s(\xi) = 2e^{-i(k_1 - k_0)\xi/2}I_1'(\xi) + \gamma e^{i(-(k_1 - k_0)\xi/2 - (\phi_0 + (k_1 + k_0) \cdot OPD/2))}I_1'(\xi + OPD)$$
$$+ \gamma e^{i(-(k_1 - k_0)\xi/2 + (\phi_0 + (k_1 + k_0) \cdot OPD/2))}I_1'(\xi - OPD) \tag{2-89}$$

式中，ξ 是与 OPD 相对应的变量。考虑到正负频率相等，只需关注正频率，其中包含了与腔长相关的信息，为

$$I_s^+(\xi) = \gamma e^{i(-(k_1 - k_0)\xi/2 + (\phi_0 + (k_1 + k_0) \cdot OPD/2))}I_1'(\xi - OPD) \tag{2-90}$$

其相位表达式为

$$\phi(\xi) = \phi_0 - (k_1 - k_0)\xi/2 + (k_1 + k_0) \cdot OPD/2 \tag{2-91}$$

在峰值处满足 $\xi = OPD$，则对应的相位为

$$\phi(\xi) = \phi_0 + k_0 \cdot OPD \tag{2-92}$$

通常情形下，图 2-32 中的 n 点即为所求峰值位置。假设在波数域的采集速率为 F_s，采样点数为 N，则在 n 点位置所对应的光程差可以表示为

$$OPD(n) = \frac{2\pi F_s}{N}n = \frac{2\pi n}{k_1 - k_0} \tag{2-93}$$

对公式（2-93）进行简单的变换即可得到以光频或者波长为自变量的腔长计算表达式[106, 107]。感兴趣的读者可以自行推导。

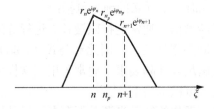

图 2-32　去除包络后的白光干涉条纹的正向快速傅里叶变换峰值示意图

根据公式（2-93）可知，利用快速傅里叶变换域进行 F-P 腔腔长测量的分辨

率取决于测量的光谱宽度，且由于光谱的离散性，通常情况下，真正的峰值位置会落在最大峰值及其临近点之间，如图 2-32 中的 n_p 位置。为了提高频谱分辨率，可以在快速傅里叶变换之前进行补零操作。但该方法存在的问题就是极大地增加了运算量。

另外一种方法是插值估计方法，即根据图 2-32 中的 n 和 $n+1$ 两个点的数据估计 n_p 点的信息，这两个点各自对应的频谱数据分别记为 $r_n\mathrm{e}^{\mathrm{i}\varphi_n}$ 和 $r_{n+1}\mathrm{e}^{\mathrm{i}\varphi_{n+1}}$。采用 Buneman 频率估计法进行。首先对 n_p 点位置进行粗估计，估计值用 $\tilde{n}_p$ 表示

$$\tilde{n}_p = n + \frac{N}{\pi}\arctan\left(\frac{\sin(\pi/N)}{\cos(\pi/N)+r_n/r_{n+1}}\right) \tag{2-94}$$

式中，r_n 和 r_{n+1} 分别是频谱中极大值和次极大值两个点的幅值。公式（2-94）的估计值只利用了 n 和 $n+1$ 两个点的幅值信息。下面接着利用其中的相位信息进行优化。

由公式（2-92）和公式（2-93）可知

$$\phi_p = \phi_0 + k_0 \cdot \mathrm{OPD}(n_p) = \phi_0 + k_0 \cdot \frac{2\pi n_p}{k_1 - k_0} \tag{2-95}$$

根据公式（2-91），频域中相邻两个点之间的相位差 $\phi(n+1) - \phi(n) = -\pi$，并且相位与角频率之间呈线性关系，由此可得 n_p 点处的相位应满足

$$\phi_{n_p} = \phi_n - \pi(n_p - n) \tag{2-96}$$

由于相位的周期为 2π，公式（2-96）对应的实际相位可能为

$$\phi_p = \phi_{n_p} + 2\pi m \tag{2-97}$$

式中，m 为整数。根据公式（2-95）～式（2-97）可以计算得到 m 为

$$m = \frac{k_0 n_p}{k_1 - k_0} + \frac{\phi_0}{2\pi} + \frac{n_p - n}{2} - \frac{\phi_n}{2\pi} \tag{2-98}$$

公式（2-98）中，k_0, k_1, n, ϕ_n 均可通过实验数据得到，n_p 可以用公式（2-94）所得的估计值 $\tilde{n}_p$ 代替，ϕ_0 的值可以假定为固定值，但其在测量过程中发生的变化容易引起解调结果出现跳变。由此得到的 m 为其估计值，用 $\tilde{m}$ 表示，即

$$\tilde{m} = \frac{k_0 \tilde{n}_p}{k_1 - k_0} + \frac{\phi_0}{2\pi} + \frac{\tilde{n}_p - n}{2} - \frac{\phi_n}{2\pi} \tag{2-99}$$

由于 m 为整数，对其取整 $[\tilde{m}]$ 后代回式（2-95）～式（2-97），对 n_p 进行精确估计，得

$$n_p = \frac{1}{\dfrac{2k_0}{k_1 - k_0} + 1}\left(\frac{\phi_n - \phi_0}{\pi} + 2[\tilde{m}] + n\right) \tag{2-100}$$

将其再次代入公式（2-93），即可得到精确的光程差 $\mathrm{OPD}(n_p)$。当 m 的估计值

与真实值之间的差在±0.5 范围内，测量结果即可认为是准确的；若超过该范围，则会产生跳变。利用该方法可以在不拓展频谱宽度的前提条件下提高 F-P 腔的测量精度。Yu 等的研究表明，利用该方法测量得到的 F-P 腔腔长标准差为 143pm，已经非常接近利用克拉默-拉奥下界（Cramer-Rao lower bound,CRLB）计算的理论极限 97pm[108]。该方法同时可以实现静态及高速测量，其运算速度受限于所采用的高速光谱采集卡及计算机的计算性能。目前已有研究人员将其用于 F-P 光声传感器、加速度计等结构的解调之中[109, 110]，并将其用于多个 MEMS 光纤传感器的复用之中[111]。

4）相关解调法

相关解调法是利用腔长匹配的原理对 F-P 腔的腔长进行解调。通常是在系统中额外引入一路干涉仪结构作为参考，当两个干涉仪的光程差相等时，获得的输出信号光强达到最大，如图 2-33 所示。先利用宽带光入射测量干涉仪，反射光再入射读出干涉仪，利用光电探测器接收读出干涉仪的返回光信号。当两个干涉仪的光程差相等时，干涉条纹的可见度最大。相关解调技术要求宽带光对两个独立的干涉仪都是非相干光源，即光源的相干长度小于两个干涉仪的光程差。

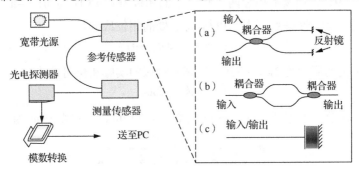

图 2-33　路径匹配差分干涉仪解调技术示意图[85]

相关解调系统在实现上有两种方式，分别称为扫描式解调系统和非扫描式解调系统。两者结构上有一些差别，但是解调原理类似。首先以扫描式相关解调系统为例进行说明。读出干涉仪可以是 Michelson 干涉仪[112]，也可以是 M-Z 干涉仪[113]或者 F-P 干涉仪。利用光电探测器接收传感信号。

假设两个干涉仪均为低精细度 F-P 干涉，其对应的干涉条纹分布满足

$$\begin{cases} H_1 = A_1 + B_1 \cos(\phi_1) \\ H_2 = A_2 + B_2 \cos(\phi_2) \end{cases} \tag{2-101}$$

则光电探测器接收到的光信号为

$$I_0 = \int_{\lambda_0 - \Delta\lambda/2}^{\lambda_0 + \Delta\lambda/2} H_1 H_2 \eta(\lambda) I_s(\lambda) \mathrm{d}\lambda \tag{2-102}$$

式中，$\phi_1 = 4\pi l_1 / \lambda$ 和 $\phi_2 = 4\pi l_2 / \lambda$，$l_1 \approx l_2$ 分别为两个干涉腔的腔长；$\eta(\lambda)$ 和 $I_s(\lambda)$ 分别表示光电探测器的响应和入射光源的光谱分布，则根据公式（2-102）可得三项表达式

$$
\begin{cases}
I_{01} = \int_{\lambda_0 - \Delta\lambda/2}^{\lambda_0 + \Delta\lambda/2} A_1 A_2 \eta(\lambda) I_s(\lambda) \mathrm{d}\lambda \\
I_{02} = \int_{\lambda_0 - \Delta\lambda/2}^{\lambda_0 + \Delta\lambda/2} (A_1 B_2 \cos(\phi_2) + A_2 B_1 \cos(\phi_1)) \eta(\lambda) I_s(\lambda) \mathrm{d}\lambda \\
I_{03} = \int_{\lambda_0 - \Delta\lambda/2}^{\lambda_0 + \Delta\lambda/2} (B_1 B_2 \cos(\phi_1) \cos(\phi_2)) \eta(\lambda) I_s(\lambda) \mathrm{d}\lambda
\end{cases}
\qquad （2\text{-}103）
$$

其中，I_{01} 为直流分量，需要后续进行消除以提高对比度；由于光源的带宽较宽，所以 I_{02} 的结果为零；对于第三项，利用和差化积公式进行化简，则可以进一步表示为

$$
I_{03} = B_1 B_2 \int_{\lambda_0 - \Delta\lambda/2}^{\lambda_0 + \Delta\lambda/2} \cos\left(\frac{4\pi(l_1 - l_2)}{\lambda}\right) \eta(\lambda) I_s(\lambda) \mathrm{d}\lambda
\qquad （2\text{-}104）
$$

可以发现，当腔长 $l_1 = l_2$ 时，光电探测器的输出信号最大。因此，可以利用 PZT 等器件对读出干涉仪的光程差进行扫描，则输出信号最大值处所对应的 F-P 腔腔长即为待测 F-P 腔的腔长。此时两个 F-P 腔的腔长匹配，因此也可以将该技术称为光程匹配干涉技术。

1988 年，相关解调技术被首次应用在 F-P 传感器的解调中。1997 年，美国马里兰大学的 Chang 等利用该方法实现了对中/高精细度 MEMS 光纤传感器的绝对相位解调[114]；随后该课题组的 Zhang 等利用 MEMS 技术加工得到腔长快速可调的 F-P 滤波器，用于在读出干涉仪中引入相位调制，从而实现对 MEMS 光纤压力传感器的信号解调[115]。

2015 年，国防科技大学的王付印采用 M-Z 干涉仪作为读出干涉仪，并在 M-Z 干涉仪的一个光纤臂中引入 PZT 相位调制，实现了类似功能[85]。相关解调技术适应于不同精细度的 MEMS 光纤传感器解调，对光强波动不敏感，具有较高的解调精度，便于相干复用，但该方法也容易受到温度漂移的影响，需要进一步研究[67]。

扫描式相关解调系统具有较高的解调精度，但是由于 PZT 等运动部件的弛豫特性和长期稳定性等，其性能受到一定的限制。而非扫描式相关解调系统通常不存在类似问题。

非扫描式相关解调系统通常需要采用厚度渐变的光楔（菲佐干涉仪）作为参考腔，其原理示意图如图 2-34 所示。Belleville 等在 1993 年提出了该方法[116]。利用宽带光源入射 MEMS 光纤传感器，其返回光经过透镜准直后，入射到光楔上进行互相关运算，最后利用线阵电荷耦合器件（charge coupled device, CCD）转化为电信号。光楔后端面上的 CCD 在某个像素点处将接收到最大的光强信号，该像素点对应的光楔厚度即为被测腔长。F-P 腔干涉光经过光楔时相当于发生了互相关干涉[116, 117]。

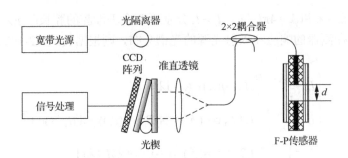

图 2-34　基于菲佐干涉仪的解调算法示意图[117]

假设两个平面构成的光楔夹角为 θ，则楔角内任意位置 x 处的间隙 $l(x)$ 为

$$l(x) = x\tan\theta \qquad (2\text{-}105)$$

当波长为 λ 的单色光平行入射到光楔时，楔角的反射、透射等会产生等厚干涉条纹。其沿空间分布函数为

$$I_F(x,\lambda) = A + B\cos(4\pi x\tan\theta/\lambda) \qquad (2\text{-}106)$$

因此，利用光楔的楔角可以得到沿空间变化的相位变化。后期运算结果同扫描式解调相同，在单个位置 x 处对两个 F-P 腔的干涉信号乘积进行积分，即可得到各位置处的相干结果。因此，非扫描相干解调的本质可以视作将扫描相干解调的不同腔长进行了并行处理。由于没有移动部件，所以该技术具有良好的长期稳定性。重庆大学的王代华等也做过相关研究[117, 118]。加拿大的 FISO 公司和美国的戴维斯公司对该方法实现了商品化。

该方法的精度受限于 CCD 的分辨率以及光楔的楔角尺寸，同时，该装置对诸如反射镜、准直器、圆柱透镜等光学元件的质量提出了较高的要求。有研究人员提出了一种更为简单的相关解调系统[119]，其中所包含的光学元件仅为一个双面抛光的平板玻璃。其结构示意图如图 2-35 所示。从低精细度 F-P 传感器返回的干涉光从光纤端面出射后发散，然后斜入射到平行平板上。发散光束分别被平板的上下表面反射，然后入射到 CCD 上。当入射到 CCD 同一像素的光的光程差为 F-P 腔腔长的 2 倍时，接收到的光强最大。可以直接将光束入射到二维面阵 CCD 中，也可以利用柱透镜汇聚后入射到一维 CCD 中[120]。最后通过去包络、滤波和寻峰计算等解算出 F-P 腔腔长。图 2-36 所示为整个解调系统的光程差示意图。假设光纤与平板上平面的距离为 a，平板的厚度为 b，对 CCD 上的像素点 (x,y) 而言，其接收到的被上下表面所反射的光束光程分别为

$$OP_1(x,y) = \sqrt{x^2 + (y-b+a)^2} \qquad (2\text{-}107)$$

$$OP_2(x,y) = \frac{a}{\cos\alpha} + \frac{y-b}{\cos\alpha} + \frac{2bn}{\cos\beta} \qquad (2\text{-}108)$$

式中，α 和 β 是光束照射到平板时的入射角和出射角。根据折射定律，可以将公式（2-108）改写为

$$OP_2(x,y) = \frac{2b}{\sqrt{1-\sin^2\beta}} \cdot \left(n - \frac{1}{n}\right) + \frac{x}{n\sin\beta} \qquad (2\text{-}109)$$

则在点 (x,y) 处两个干涉的反射光的光程差为

$$OPD(x,y) = OP_2(x,y) - OP_1(x,y) \qquad (2\text{-}110)$$

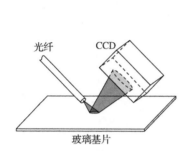

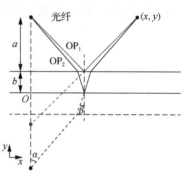

图 2-35　基于平板玻璃的光纤相关解调系统示意图[119]　　图 2-36　光程差示意图[119]

计算表明，当 CCD 放置在特定位置处时，其所接收的光程差同其位置近似呈线性关系。当平板所引起的 OPD 同待测 F-P 腔的干涉条纹相接近时，在 CCD 上所得到的干涉条纹分布为

$$I(x,y) \propto \int I(\lambda)\eta(\lambda)\cos\left(\frac{2\pi}{\lambda} \cdot (OPD(x,y) - OPD_{target})\right)d\lambda \qquad (2\text{-}111)$$

该表达式同公式（2-104）的形式相同。

根据以上介绍可以发现：强度解调具有原理清晰、结构简单、解调速度快等优势，但解调结果容易受到光源波动、传输损耗等因素干扰；相位解调具有解调精度高、不受光源功率扰动干扰等优势，但算法一般较为复杂。实际应用过程中应根据需要合理选择解调方案。最后需要说明的是，以上解调技术均是针对腔长变化而言的。实际上，F-P 腔的相位表达式同样与介质的折射率等参数相关。目前已有技术研究通过检测声场传输时所引起的介质折射率的变化来探测声波[121]。

2.4　本 章 小 结

本章对 MEMS 光纤声压传感器的光学性能进行了详细分析。首先简单介绍了标准 F-P 腔的干涉谱特征、条纹精细度和自由谱范围等概念。然后针对光纤 F-P

腔的结构特征，对光纤出射光束的传播特性进行了分析，结果表明单模光纤出射光束为高斯光束。分别采用均匀平面波模型、高斯功率分布模型、高斯模式耦合模型对光纤出射光束在 F-P 腔内的传输和耦合损耗进行了理论分析，并用实验证明了高斯模式耦合模型最为准确。在此基础上对间距、倾斜、错位损耗建立了理论模型，并分析了其光纤 F-P 腔反射谱的影响。最后简单介绍了 MEMS 光纤声压传感器解调所使用的强度解调和相位解调技术的原理及发展现状。本章分析结果为设计和加工 MEMS 光纤传感器提供了理论指导。

3 MEMS 光纤声压传感器力学原理分析

对 MEMS 光纤声压传感器而言，入射到膜片上的声压作用有一部分使得膜片形变，另一部分则会通过辐射等方式进入 F-P 腔内部。膜片在声压作用下发生的形变将调制 F-P 腔腔长，从而引起反射光信号的变化。结合第 2 章中介绍的干涉及解调原理，可以将传感器的整体灵敏度表示为[9]

$$S_N = \frac{\mathrm{d}V_{\text{out}}}{\mathrm{d}I_r} \frac{\mathrm{d}I_r}{\mathrm{d}L_{\text{cav}}} \frac{\mathrm{d}L_{\text{cav}}}{\mathrm{d}P_{\text{dia}}} \frac{\mathrm{d}P_{\text{dia}}}{\mathrm{d}P_{\text{in}}} \tag{3-1}$$

式中，右侧第一项表示 F-P 腔反射光强变化（$\mathrm{d}I_r$）引起解调系统输出电压的变化（$\mathrm{d}V_{\text{out}}$）；第二项表示 F-P 腔腔长变化（$\mathrm{d}L_{\text{cav}}$）引起 F-P 腔反射光强变化（$\mathrm{d}I_r$）；第三项表示膜片的两侧压差变化（$\mathrm{d}P_{\text{dia}}$）引起 F-P 腔腔长的变化（$\mathrm{d}L_{\text{cav}}$）；第四项表示入射声压（$\mathrm{d}P_{\text{in}}$）引起膜片的两侧压差变化（$\mathrm{d}P_{\text{dia}}$）。第 2 章已经对前两项进行了研究。第三项表示膜片的机械灵敏度，第四项表示 MEMS 光纤传感器对入射声压的频响传递系数。本章将主要研究后两项内容。

在 MEMS 光纤声压传感器中，膜片的尺寸（≤5mm）远小于入射声波的波长（空气中，0.34 m@1 kHz；纯水中，1.48 m@1 kHz），因此可以将入射声波等效为平面波；另外，由于要检测的声压信号较为微弱，可以将研究目标设定为膜片的小振幅振动。此外，由于方形膜片的形变可以近似为面积相同的圆形膜片的形变[122]，因此本书主要对圆形膜片自身的机械性能及其组成的 MEMS 光纤声压传感器的声学性能进行分析。

3.1 膜片振动性能分析

图 3-1 所示为四周固定的圆形平整膜片结构在均匀声压作用下的形变示意图。圆形膜片在均匀压力作用下的形变公式可以在很多声学书籍或者论文中得到[43, 123-125]。根据回复力的不同，一般将膜片分为薄膜和平板两种类型并分别讨论。本书将从膜片的振动方程开始分析膜片的振动情形[43, 125]。

不失一般性，假设膜片半径为 a，厚度为 h，密度为 ρ，膜片所受的残余内应力为 σ，膜片所受声压信号幅值为 P_0，频率为 w_0。膜片的受迫运动方程可以表示为

$$\left(h\rho\frac{\partial^2}{\partial t^2}+\mu\frac{\partial}{\partial t}+D\nabla^4-h\sigma\nabla^2\right)u=P_0\mathrm{e}^{\mathrm{i}w_0t} \tag{3-2}$$

式中，$D=Eh^3/(12(1-\upsilon^2))$ 表示膜片的抗弯刚度，E 表示膜片的杨氏模量，υ 表示膜片材料的泊松比；u 表示膜片的形变量；μ 表示膜片周围介质的阻尼系数；∇^2 表示二维拉普拉斯算符，其在直角坐标表示为 $\nabla^2=\partial^2/\partial x^2+\partial^2/\partial y^2$，在极坐标下表示为 $\nabla^2=\dfrac{1}{r}\dfrac{\partial}{\partial r}\left(r\dfrac{\partial}{\partial r}\right)+\dfrac{1}{r^2}\dfrac{\partial^2}{\partial\theta}$。需要说明的是，该方程适用于膜片形变量小于其厚度 30% 的情形，当膜片形变大于其厚度的 30% 时，需要考虑形变中的高阶量。

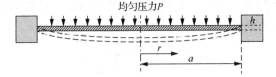

图 3-1　在均匀压强作用下四周固定的膜片形变

3.1.1　自由振动的解

先求解方程（3-2）的通解形式。假设入射声压为 0 并忽略阻尼的存在，则公式（3-2）可以表示为

$$\left(h\rho\frac{\partial^2}{\partial t^2}+D\nabla^4-h\sigma\nabla^2\right)u=0 \tag{3-3}$$

该式实际表示膜片的自由振动，可以利用分离变量法进行求解[125]。方程的解满足 $u(r,\theta,t)=u(r,\theta)\mathrm{e}^{\mathrm{i}wt}$，则公式（3-3）可以化简为

$$D\nabla^4u-h\sigma\nabla^2u-h\rho w^2u=0 \tag{3-4}$$

式中，w 表示膜片自由振动时的本征频率。对公式（3-4）进行因式分解，可得

$$(\nabla^2+\alpha_1^2)(\nabla^2-\alpha_2^2)u=0 \tag{3-5}$$

式中，

$$\begin{cases}\alpha_1^2=\dfrac{\sqrt{h^2\sigma^2+4h\rho w^2D}-h\sigma}{2D}\\[3mm]\alpha_2^2=\dfrac{\sqrt{h^2\sigma^2+4h\rho w^2D}+h\sigma}{2D}\end{cases} \tag{3-6}$$

圆形膜片振动时径向分量与角度分量相互独立，有 $u(r,\theta)=R(r)\Theta(\theta)$，利用极坐标对公式（3-5）进一步化简可得

$$\left(r^2\frac{\mathrm{d}^2R}{\mathrm{d}r^2}+r\frac{\mathrm{d}R}{\mathrm{d}r}\right)\frac{1}{R}-r^2\alpha_i^2=-\frac{1}{\Theta}\frac{\mathrm{d}^2\Theta}{\mathrm{d}\theta^2}\qquad(i=1,2) \tag{3-7}$$

上式成立的条件是等式两侧均等于一个常数 m^2，因此有

$$\frac{1}{\Theta}\frac{d^2\Theta}{d\theta^2} + m^2 = 0 \tag{3-8}$$

$$\frac{d^2R}{dr^2} + \frac{1}{r}\frac{dR}{dr} - \left(\alpha_i^2 + \frac{m^2}{r^2}R\right) = 0 \quad (i=1,2) \tag{3-9}$$

公式的解可以表示为

$$\Theta(\theta) = C\cos(m\theta) \tag{3-10}$$

式中，C 为常数。对于完整圆形膜片，函数 $\Theta(\theta)$ 的周期为 2π，所以 m 是一个整数。

公式（3-9）表示一个 m 阶的柱贝塞尔方程。考虑到膜片中心点的实际位移不可能是无穷大，则公式（3-9）的解可以表示为

$$R(r) = AJ_m(\alpha_1 r) + BI_m(\alpha_2 r) \tag{3-11}$$

式中，J_m 和 I_m 分别表示 m 阶第一类贝塞尔函数和 m 阶第一类修正贝塞尔函数，A、B 为常数，需要根据边界条件进行确定。对四周固定的圆形膜片而言，其在边缘处 $r=a$ 形变的幅值和斜率均为 0，则边界条件为

$$\begin{cases} R(a) = 0 \\ \dfrac{dR}{dr}\bigg|_{r=a} = 0 \end{cases} \tag{3-12}$$

将式（3-12）代入式（3-11）可得

$$\begin{bmatrix} J_m(\alpha_1 a) & I_m(\alpha_2 a) \\ \dfrac{dJ_m(\alpha_1 a)}{dr} & \dfrac{dI_m(\alpha_2 a)}{dr} \end{bmatrix} \begin{bmatrix} A \\ B \end{bmatrix} = 0 \tag{3-13}$$

其特征方程为

$$J_m(\alpha_1 a)\frac{dI_m(\alpha_2 a)}{dr} - I_m(\alpha_2 a)\frac{dJ_m(\alpha_1 a)}{dr} = 0 \tag{3-14}$$

给定一个 $m(m=0,1,2,\cdots)$，通过公式（3-14）均可求得一系列特征解 α_{1mn} 和 α_{2mn}，其中 $n=0,1,2,\cdots$。结合式（3-10）、式（3-11）、式（3-13）可以得到膜片自由振动的表达式为

$$u_{mn}(r,\theta) = u_0\left(J_m(\alpha_{1mn}r) - \frac{J_m(\alpha_{1mn}a)}{I_m(\alpha_{2mn}a)}I_m(\alpha_{2mn}r)\right)\cos(m\theta - m\varphi) \tag{3-15}$$

式中，u_0 表示膜片中心点处的位移。

根据公式（3-6）可以得到特征频率的表达式为

$$w_{mn}^2 = \alpha_{1mn}^2 \alpha_{2mn}^2 \frac{D}{h\rho} \tag{3-16}$$

或改写为

$$w_{mn}^2 = \frac{D}{h\rho}\alpha_{1mn}^2\left(\alpha_{1mn}^2 + \frac{\kappa^2}{a^2}\right) \tag{3-17}$$

式中，$\kappa = a\sqrt{h\sigma/D}$，称为张力系数。该值为一个无量纲量，用于表征膜片中残余应力与抗弯刚度之间的大小关系。

3.1.2 受迫振动的解

与自由振动的解形式类似，可以假设方程（3-2）的解具有如下形式：

$$u(r,\theta,t) = \sum_{m,n}\Lambda_{mn}(t)u_{mn}(r,\theta) \tag{3-18}$$

式中，u_{mn} 表示膜片自由振动第 mn 阶模式；$\Lambda_{mn}(t)$ 表示模式在总振动中的参与系数。

将式（3-17）代入式（3-2），可得

$$\sum_{mn}\left(\left(h\rho\frac{\partial^2\Lambda_{mn}(t)}{\partial t^2} + \mu\frac{\partial\Lambda_{mn}(t)}{\partial t}\right)u_{mn} + (D\nabla^4 - h\sigma\nabla^2)\Lambda_{mn}(t)u_{mn}\right) = P_0\mathrm{e}^{iw_0t} \tag{3-19}$$

将公式（3-3）代入上式，可得

$$u_n(r) = u_0\left(J_0(\alpha_{1n}r) - \frac{J_0(\alpha_{1n}a)}{I_0(\alpha_{2n}a)}I_0(\alpha_{2n}r)\right) \tag{3-20}$$

由于声压传感器的工作频率一般小于基模频率，即 $m=0$，此时膜片振动为基模振动。膜片振动形态与 θ 无关，只有径向节点。则公式（3-15）化简为

$$u_n(r) = u_0\left(J_0(\alpha_{1n}r) - \frac{J_0(\alpha_{1n}a)}{I_0(\alpha_{2n}a)}I_0(\alpha_{2n}r)\right) \tag{3-21}$$

特征方程（3-14）改写为

$$\frac{\alpha_{1n}}{\alpha_{2n}} = -\frac{J_0(\alpha_{1n}a)I_1(\alpha_{2n}a)}{J_1(\alpha_{1n}a)I_0(\alpha_{2n}a)} \tag{3-22}$$

公式（3-20）改写为

$$\sum_n\left(\left(h\rho\frac{\partial^2\Lambda_n(t)}{\partial t^2} + \mu\frac{\partial\Lambda_n(t)}{\partial t}\right) + \Lambda_n(t)h\rho w_n^2\right)u_n = P_0\mathrm{e}^{iw_0t} \tag{3-23}$$

考虑到不同模式之间具有正交性，即

$$\int_0^{2\pi}\int_0^a u_n u_k r\mathrm{d}r\mathrm{d}\theta = \delta_{nk}2\pi\int_0^a u_n^2 r\mathrm{d}r \tag{3-24}$$

将公式（3-23）改写为

$$\left(\left(h\rho\frac{\partial^2\Lambda_n(t)}{\partial t^2} + \mu\frac{\partial\Lambda_n(t)}{\partial t}\right) + \Lambda_n(t)h\rho w_n^2\right)\int_0^a u_n^2 r\mathrm{d}r = P_0\mathrm{e}^{iw_0t}\int_0^a u_n r\mathrm{d}r \tag{3-25}$$

令 $U_n = \int_0^a u_n r\mathrm{d}r \big/ \int_0^a u_n^2 r\mathrm{d}r$，将式（3-23）进一步化简为

$$\frac{\partial^2 \Lambda_n(t)}{\partial t^2} + \frac{\mu}{h\rho}\frac{\partial \Lambda_n(t)}{\partial t} + w_n^2 \Lambda_n(t) = \frac{U_n}{h\rho}P_0 e^{iw_0 t} \qquad (3\text{-}26)$$

对于简谐振动，有 $\Lambda_n(t) = \Lambda_n(t)\exp(iw_0 t + \phi_n)$，代入式（3-26）得

$$\left(w_n^2 - w_0^2 + i\frac{\mu w_0}{h\rho} \right)\Lambda_n(t) = \frac{U_n}{h\rho}P_0 e^{iw_0 t} \qquad (3\text{-}27)$$

得到模式参与系数 $\Lambda_n(t)$ 后代入公式（3-18）可得膜片受迫振动的位移表达式为

$$u(r,t) = P_0 e^{iw_0 t} \sum_n \frac{U_n u_n(r)}{h\rho\left(w_n^2 - w_0^2 + i\frac{\mu w_0}{h\rho} \right)} \qquad (3\text{-}28)$$

当工作频率 w_0 远小于共振频率 w_n 时，式（3-28）可以化简为

$$u(r,t) = P_0 e^{iw_0 t} \sum_n \frac{U_n u_n(r)}{h\rho\left(w_n^2 + i\frac{\mu w_0}{h\rho} \right)} \qquad (3\text{-}29)$$

该式即为低频声压作用下圆形膜片的小形变位移公式。如果忽略阻尼的作用，则可以将公式（3-29）进一步表示为

$$u(r,t) = P_0 e^{iw_0 t} \sum_n \frac{U_n u_n(r)}{h\rho w_n^2} \qquad (3\text{-}30)$$

3.1.3 特殊情形的解

实际应用中，常用的膜片有两类：一类以多晶硅膜片为代表，以膜片自身的弯曲应力（bending stress）为回复力的主要来源，称之为平板（plate）模型；另一类以氮化硅膜片为代表，以膜片加工过程中的残余应力或者施加的张力（tensile stress）为回复力的主要来源，称之为薄膜（membrane）模型。

1. 薄膜模型的解

在薄膜模型中，回复力的主要来源是残余应力，此时 $D/h\sigma \to 0$（或 $\kappa \to \infty$）。根据公式（3-6）可知 $\alpha_{1n}/\alpha_{2n} \to 0$，则公式（3-22）成立的条件为 $J_0(\alpha_{1n}a) = 0$。设 $\alpha_{1n}a = z_n$，z_n 是零阶柱贝塞尔函数的根。利用公式（3-17）可以得到共振频率为

$$w_n = \sqrt{\frac{Dz_n^4 + a^2 h\sigma z_n^2}{h\rho a^4}} \approx \frac{z_n}{a}\sqrt{\frac{\sigma}{\rho}} \qquad (3\text{-}31)$$

查阅资料[124]可得 z_0=2.405、z_1=5.520、z_2=8.654，则基频振动频率为

$$w_{n0} = \frac{2.405}{a}\sqrt{\frac{\sigma}{\rho}} \tag{3-32}$$

从式（3-31）可以看出，薄膜模型的共振频率主要受残余应力的影响，与薄膜的厚度无关，与薄膜的半径成反比。

振动的基模表达式（3-21）也可以简化为

$$u_n(r) = u_0 J_0\left(\frac{z_n}{a}r\right) \tag{3-33}$$

在膜片的受迫振动位移表达式中，有

$$U_n u_n = \frac{u_n \int_0^a u_n r \mathrm{d}r}{\int_0^a u_n^2 r \mathrm{d}r} = = J_0\left(\frac{z_n}{a}r\right)\frac{\int_0^a J_0\left(\frac{z_n}{a}r\right)r\mathrm{d}r}{\int_0^a J_0^2\left(\frac{z_n}{a}r\right)r\mathrm{d}r} = \frac{2}{z_n}\frac{J_0\left(\frac{z_n}{a}r\right)}{J_1(z_n)} \tag{3-34}$$

代入公式（3-29），并利用式（3-31）化简可得

$$u(r,t) = \frac{2a^2 P_0 \mathrm{e}^{\mathrm{i}w_0 t}}{h\sigma}\sum_n \frac{1}{z_n^3}\frac{J_0\left(\frac{z_n}{a}r\right)}{J_1(z_n)}\frac{1}{1+j\frac{\mu w_0 a^2}{z_n^2 h\sigma}} \tag{3-35}$$

令阻尼等于零，则上式可以表示为

$$u(r,t) = \frac{2a^2 P_0 \mathrm{e}^{\mathrm{i}w_0 t}}{h\sigma}\sum_n \frac{1}{z_n^3}\frac{J_0\left(\frac{z_n}{a}r\right)}{J_1(z_n)} \tag{3-36}$$

利用广义傅里叶-贝塞尔级数的性质，可以将公式（3-36）写成解析解的形式[43]：

$$u_{\mathrm{mem}}(r,t) = P_0 \mathrm{e}^{\mathrm{i}w_0 t}\frac{a^2}{4h\sigma}\left(1-\frac{r^2}{a^2}\right) \tag{3-37}$$

2. 平板模型的解

在平板模型中，回复力的主要来源是膜片的弯曲应力，此时 $\kappa \to 0$。根据公式（3-15）及公式（3-22），可得

$$\alpha_{2n}^2 = \alpha_{1n}^2 = \alpha_n'^2 \tag{3-38}$$

$$w_n' = \alpha_n'^2\sqrt{\frac{D}{h\rho}} \tag{3-39}$$

则特征方程（3-22）改写为

$$J_1(\alpha_n' a)I_0(\alpha_n' a) + J_0(\alpha_n' a)I_1(\alpha_n' a) = 0 \tag{3-40}$$

可以利用图解法求得上式的一些根，如 $\alpha_0' a = 3.20$、$\alpha_1' a = 6.30$、$\alpha_2' a = 9.44$ 等。

对于基频振动，其频率为

$$w'_{n0} = \frac{3.20^2}{a^2}\sqrt{\frac{D}{h\rho}} \tag{3-41}$$

此时振动的基模表达式（3-21）也可以简化为

$$u'_n(r) = u_0\left(J_0(\alpha'_n r) - \frac{J_0(\alpha'_n a)}{I_0(\alpha'_n a)} I_0(\alpha'_n r) \right) \tag{3-42}$$

令 $\Gamma_0(\alpha'_n r) = J_0(\alpha'_n r) - \dfrac{J_0(\alpha'_n a)}{I_0(\alpha'_n a)} I_0(\alpha'_n r)$，则 $u'_n(r) = u_0\Gamma_0(\alpha'_n r)$。在膜片的受迫振动位移表达式（3-28）中，有

$$U'_n u'_n = \frac{u'_n \int_0^a u'_n r\,\mathrm{d}r}{\int_0^a u'^2_n r\,\mathrm{d}r} = \Gamma_0\left(\frac{z'_n}{a}r\right) \frac{\int_0^a \Gamma_0\left(\frac{z'_n}{a}r\right) r\,\mathrm{d}r}{\int_0^a \Gamma_0^2\left(\frac{z'_n}{a}r\right) r\,\mathrm{d}r} \tag{3-43}$$

代入公式（3-28），并利用公式（3-39）化简可得

$$u(r,t) = P_0 \mathrm{e}^{\mathrm{i}w_0 t} \frac{2}{h\rho} \sum_n \frac{J_1(z'_n)}{z'_n J_0^2(z'_n)} \Gamma_0\left(\frac{z'_n}{a}r\right) \left(w'^2_n - w_0^2 + \mathrm{i}\frac{\mu w_0}{h\rho} \right)^{-1} \tag{3-44}$$

令阻尼等于零，则上式可以表示为

$$u(r,t) = P_0 \mathrm{e}^{\mathrm{i}w_0 t} \frac{2a^4}{D} \sum_n \frac{1}{z'^5_n} \frac{J_1(z'_n)}{J_0^2(z'_n)} \Gamma_0\left(\frac{z'_n}{a}r\right) \frac{1}{1 - \frac{w_0^2}{w'^2_n}} \tag{3-45}$$

低频时

$$u(r,t) \approx P_0 \mathrm{e}^{\mathrm{i}w_0 t} \frac{2a^4}{D} \sum_n \frac{1}{z'^5_n} \frac{J_1(z'_n)}{J_0^2(z'_n)} \Gamma_0\left(\frac{z'_n}{a}r\right) \tag{3-46}$$

同样可以将上式写成解析解的形式[43, 125]

$$u_{\text{plate}}(r,t) = P_0 \mathrm{e}^{\mathrm{i}w_0 t} \frac{a^4}{64D}\left(1 - \frac{r^2}{a^2}\right)^2 \tag{3-47}$$

因此，根据公式（3-32）和公式（3-37）可以得到圆形薄膜的基模频率和振型表达式，根据公式（3-41）和公式（3-47）可以得到圆形平板的基模频率和振型表达式，根据公式（3-37）和公式（3-47）可以得到圆形薄膜和圆形平板的机械灵敏度分别为

$$S_{\text{mem}} = \frac{u(r)}{P_0} = \frac{a^2}{4h\sigma}\left(1 - \frac{r^2}{a^2}\right) \tag{3-48}$$

$$S_{\text{plate}} = \frac{u(r)}{P_0} = \frac{a^4}{64D}\left(1 - \frac{r^2}{a^2}\right)^2 \tag{3-49}$$

可以发现，膜片中心点（$r=0$）处的机械灵敏度最大，分别为

$$S_{\mathrm{mem}(r=0)} = \frac{a^2}{4h\sigma} \tag{3-50}$$

$$S_{\mathrm{plate}(r=0)} = \frac{a^4}{64D} = \frac{3(1-v^2)}{16}\frac{a^4}{Eh^3} \tag{3-51}$$

因此，MEMS 光纤声压传感器中多将光纤对准膜片的中心点，用以得到最大的灵敏度。比较公式（3-50）和公式（3-51）可知，膜片半径和膜片厚度对圆形平板灵敏度的影响要远大于其对圆形薄膜的影响，但增加膜片半径和降低膜片厚度都有助于提高两种膜片的灵敏度。对圆形薄膜而言，降低膜片的内应力是提高其灵敏度的重要手段；而对圆形平板而言，选择杨氏模量更低的材料也有助于提高灵敏度。但根据公式（3-32）和公式（3-41）可知，膜片的灵敏度提高，其对应的共振频率却降低了。因此要根据实际情形合理选择膜片的结构参数。

实际应用中，一般根据张力系数的取值范围决定膜片采用何种模型进行分析。张力系数 $\kappa \leqslant 1$ 时，膜片的振动主要由抗弯刚度决定，采用平板模型；$\kappa \geqslant 20$ 时，膜片的振动主要由残余应力决定，采用薄膜模型[125]；当 $1 < \kappa < 20$ 时，可以利用叠加原理计算膜片的形变 u_{dia}，满足如下方程[122]：

$$\frac{1}{u_{\mathrm{dia}}(r,t)} = \frac{1}{u_{\mathrm{plate}}(r,t)} + \frac{1}{u_{\mathrm{mem}}(r,t)} \tag{3-52}$$

而当膜片振幅超过膜片厚度的 30% 时，则需要考虑膜片弯曲产生拉力的影响。对于一个其四周固定的圆形平板结构，其中心点在均匀压力作用下的形变（用 $u(0)$ 表示）满足关系式[126, 127]

$$P_0 = \frac{16E}{3(1-v^2)}\frac{h^3}{a^4}u(0) + \frac{2.83}{(1-v^2)}\frac{Eh}{a^4}u^3(0) \tag{3-53}$$

而对于四周固定的圆形薄膜结构，其中心点形变满足关系式

$$P_0 = 4\frac{h}{a^2}u(0)\sigma + \frac{2.83}{(1-v^2)}\frac{Eh}{a^4}u^3(0) \tag{3-54}$$

公式（3-53）和公式（3-54）中的三次项均来自于膜片弯曲产生的拉力影响，该项的存在导致膜片在形变较大时与所受压力 P_0 之间不再满足线性关系，从而限制了膜片式传感器的动态范围。通过在膜片中引入特定的结构，可以有效地改善膜片的力学性能。这部分内容将放在第 4 章中进行介绍。

3.2 MEMS 光纤声压传感器的等效电路模型

由于膜片两侧压差是与传感器结构和入射声压有关的强函数，因此，公式（3-1）

中右侧第四项可以表示为 MEMS 光纤传感器对入射声压的频响传递系数（简称传递系数）[13]。对其进行理论分析主要有两个方法，分别是理论公式方法和等效电路方法。等效电路方法是一种实用性很强的方法，可以在电-力-声系统中给出很好的分析结果[128]。目前等效电路方法已在 MEMS 电容式麦克风的结构设计分析中广泛采用，但在膜片式 MEMS 光纤声压传感器中应用较少。当声学元件的尺寸远小于声波波长时，可以忽略声波的传播特性，直接将声学系统各部分运动视为均匀的，从而将声学振动系统视为集中参数模型，并采用与电学系统类似的等效电路图进行分析。

3.2.1 电-力-声线路类比

1. 电-力-声线路类比等效原理

首先分析一个最简单也最基本的声振动系统——由一个短圆管和一个球形腔组成的球形亥姆霍兹共振器，其结构如图 3-2 所示[44, 124]。其中短圆管的截面积为 S（半径为 a），长度为 l，球形腔的容积为 V。并假设：①共振器的尺寸远小于声波波长，即 $a, l, V^{1/3} \ll \lambda$；②短管的体积远小于腔体的体积，即 $Sl \ll V$；③腔壁在介质压缩和膨胀时不变形，即腔壁为刚性的。

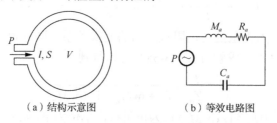

（a）结构示意图 （b）等效电路图

图 3-2 球形亥姆霍兹共振器

当管口受到声波作用时，管内介质发生振动。当短管的线度远小于声波波长时可以将管内介质的振动看成一个质量为 $M_m = \rho l S$ 的柱状活塞振动。由于柱状活塞振动时会向介质中辐射声波，因此活塞上相当于附加了一个质量为 M_r 的负载，管长则相应地增加了 $\Delta l = M_r / \rho S$。介质在管内运动时受到管壁的摩擦作用，摩擦力阻设为 R_m。短管内的介质在运动时会对球形腔内的介质造成"挤压"或"拉伸"效应，引起腔内压强的变化。假设腔内空气的压缩和膨胀是绝热过程，并假设短管在声压作用下的位移 ξ 较小，可以得到空气柱振动引起的腔内压强逾量为 $p_1 \approx \rho C_0^2 S \xi / V$，其中 C_0 表示空气中声速。根据牛顿第二定律，可以得到 p_1 作用在短管内空气柱上的力为

$$F = -p_1 S = -\frac{\rho C_0^2 S^2}{V} \xi \tag{3-55}$$

该作用力的大小与位移的幅值 ξ 成正比，与位移的方向相反。可以发现，腔体的作用相当于一个弹簧，对应的等效力顺为

$$C_m = \frac{V}{\rho C_0^2 S^2} \tag{3-56}$$

从公式（3-56）可以发现等效力顺 C_m 与腔体体积 V 成正比，体积越大，力顺也越大。

通过上述分析可以发现，图 3-2 所示的共振器包含质量、力阻、力顺三个元件。根据牛顿第二定律可得，短管中介质在管口受到声压 $P = pe^{iwt}$ 作用时的运动方程为

$$(M_m + M_r)\frac{dv}{dt} + (R_m + R_r)v + \frac{1}{C_m}\int v dt = Spe^{iwt} \tag{3-57}$$

式中，M_r 表示管口声辐射引起的附加质量；R_r 表示力阻。在声振动系统中，感兴趣的是逾压 p 和单位时间内的体积流（体积速度 $U = vS$），故将上式改写为

$$M_a \frac{dU}{dt} + R_a U + \frac{1}{C_a}\int U dt = p_A e^{iwt} \tag{3-58}$$

式中，

$$M_a = \frac{M_m + M_r}{S^2}, \quad R_a = \frac{R_m + R_r}{S^2}, \quad C_a = S^2 C_m \tag{3-59}$$

公式（3-59）为力阻抗与声阻抗之间的变换关系，同时也说明力学量和声学量之间的联系与区别。求解方程（3-58）可以得到

$$U = \frac{p}{Z_a} = \frac{p}{R_a + iwM_a + 1/(iwM_a)} \tag{3-60}$$

式中，$Z_a = R_a + iwM_a + 1/(iwM_a)$ 称为声阻抗，单位为 Pa·s/m³。

图 3-3（a）所示为一个单振子系统（质量块质量为 M_m，弹簧弹性系数为 K_m，阻尼系数为 R_m）在周期性强迫力（Fe^{iwt}）作用下发生振动的示意图；图 3-3（b）所示为一个简单的串联电路，假设电源的电动势为 $E = E_e e^{iwt}$ 形式的稳态振荡，电阻为 R_e，电感为 L_e，电容为 C_e。可以得到振动方程和电路运动方程分别为

$$M_m \frac{dv}{dt} + R_m v + \frac{1}{C_m}\int v dt = Fe^{iwt} \tag{3-61}$$

$$L_e \frac{dI}{dt} + R_e I + \frac{1}{C_e}\int I dt = E_e e^{iwt} \tag{3-62}$$

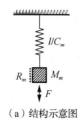

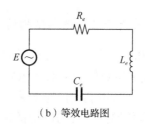

（a）结构示意图　　　　　　　（b）等效电路图

图 3-3　物理振荡系统

比较公式（3-57）、公式（3-61）、公式（3-62）可以看出，虽然声振动、机械振动和电路振荡表面上似乎毫不相关，但其微分方程形式却完全相同，因此可以将声学振动和机械振动问题转化为电路进行求解，从而简化研究。这三个系统物理量之间存在的类比关系如下所示：

$$\begin{cases} p - F - E \\ U - v - I \\ M_a - M_m - L_e \\ C_a - C_m - C_e \\ R_a - R_m - R_e \end{cases} \tag{3-63}$$

声振动系统可以用等效电路描述的前提条件是系统的结构尺寸远小于声波波长。在画等效电路图时需遵循以下条件：

（1）类似于电路中电流的存在，在声学系统的等效电路图中可以引入流过各声学元件的声流线，实现各声学元件的连通。

（2）类似于电路中元器件两侧的电压差，声学元件两侧产生的是压强差，而将对应于大气压强的位置视为"接地端"，此处的压强不随时间变化。

（3）类似于电路中的基尔霍夫定律，声学系统中在元件交界处同样存在声流量守恒定律。

根据这些特点，可以利用声流线画出声振动系统的等效电路图。图 3-2（b）所示为亥姆霍兹共振器的等效电路图。用 δ 表示小孔长度的修正值，η 表示流体切变黏滞系数，则小孔的声质量 M_a、声阻 R_a 和腔体的声顺 C_a 分别表示为[44, 124]

$$M_a = \frac{\rho(l+\delta)}{\pi a^2} \tag{3-64}$$

$$R_a = \frac{(l+\delta)\sqrt{2\eta\rho w}}{\pi a^3} \tag{3-65}$$

$$C_a = \frac{\pi V}{\rho c^2} \tag{3-66}$$

2. MEMS 光纤声压传感器结构的等效电路模型

典型的 MEMS 光纤声压传感器结构尺寸（5mm）远小于入射声压的波长。因此，可以利用集中参数模型来对传感器的频率响应进行研究。在集中参数模型中，系统的动能和势能可以利用声顺 C 和声质量 M 表征，系统的损耗可以利用声阻 R 表征。由于只有传递到膜片力顺上的声压才会使膜片产生位移，因此定义作用在膜片力顺上的声压 P_d 与入射声压 P_{in} 的比值为传递系数 H_{sensor}，即 $H_{sensor} = P_d / P_{in}$。

常见的膜片式 MEMS 光纤声压传感器结构有密封腔和连通腔两种结构。图 3-4（a）、（b）所示分别为密封型 MEMS 光纤声压传感器的结构示意图和等效电路图。其声学元件包括膜片的辐射声质量 M_{a_rad}、辐射声阻 R_{a_rad}，膜片自身的声质量 M_{a_dia}、声顺 C_{a_dia}，腔体的声顺 C_{a_cav}。为了求解方便，将电路分成三个阻抗部分，分别为 $X_1 = R_{a\_rad} + iw(M_{a\_rad} + M_{a\_d})$，$X_2 = 1/iwC_{a\_d}$，$X_3 = 1/iwC_{a\_cav}$，其中 X_2 表示作用在膜片上的有效声压。此时的传递系数表达式为

$$H_{sensor} = \frac{P_d}{P_{in}} = \frac{X_2}{X_1 + X_2 + X_3} \tag{3-67}$$

化简得到其共振频率表达式为

$$f_0 = \frac{1}{2\pi} \sqrt{\frac{C_{a\_cav} + C_{a\_dia}}{C_{a\_cav} C_{a\_dia} (M_{a\_rad} + M_{a\_dia})}} \tag{3-68}$$

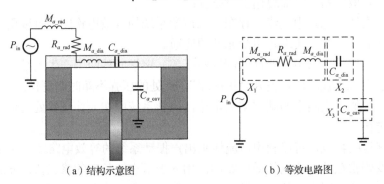

（a）结构示意图　　　　　　　（b）等效电路图

图 3-4　密封型 MEMS 光纤声压传感器

图 3-5（a）、（b）所示分别为连通型 MEMS 光纤声压传感器的结构示意图和等效电路图。与密封结构相比，主要是多了连通孔的声阻抗，包括连通孔的声阻 R_{a_hole} 和声质量 M_{a_hole}。将电路分成四个阻抗部分，分别为 $X_1 = R_{a\_hole} + iwM_{a\_hole}$、$X_2 = R_{a\_rad} + iw(M_{a\_rad} + M_{a\_dia})$、$X_3 = 1/iwC_{a\_dia}$ 和 $X_4 = 1/iwC_{a\_cav}$，其中 X_3 表示作用在膜片上的有效声压，此时的传递系数表达式为

$$H_{\text{sensor}} = \frac{P_d}{P_{\text{in}}} = \frac{X_1^{''} X_3^{''}}{X_1 X_4 + (X_1 + X_4)(X_2 + X_3)} \tag{3-69}$$

此时系统存在两个共振频率，其表达式可近似表示为[34]

$$f_0 = \frac{1}{2\pi} \sqrt{\frac{C_{a\_cav} + C_{a\_dia}}{C_{a\_cav} C_{a\_dia} (M_{a\_rad} + M_{a\_dia})}} \tag{3-70}$$

$$f_1 = \frac{1}{2\pi} \frac{1}{C_{a\_dia} R_{a\_hole}(1 + C_{a\_cav}/C_{a\_dia})} \tag{3-71}$$

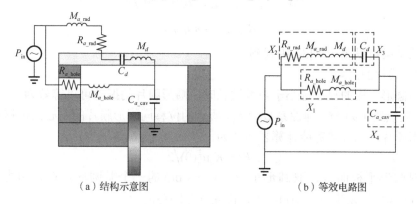

（a）结构示意图　　　　　　　　（b）等效电路图

图 3-5　连通型 MEMS 光纤声压传感器

3.2.2　声学元件阻抗表达式

分别求解各声学元件的声阻抗表达式。腔体声阻抗可由公式（3-66）给出，而前文所给的连通孔的声阻抗没有考虑介质的黏滞影响，需要进行修正[44]。需要注意的是，腔在低频段呈现顺性，而在高频端呈现阻尼性质，本书主要关心传感器在低频段的特性，不再对此进行修正[34, 129, 130]。

1．膜片的弹性声阻抗

根据公式（3-37）和公式（3-47）可知，圆形膜片振动时的位移同径向位置有关，属于分布式参数模型，需利用"等效原理"将其等效为集中参数模型。

1）膜片的有效面积

首先求解圆形膜片振动时的有效面积。将圆形膜片的振动等效为活塞辐射器的振动，等效条件为活塞辐射器的振速与圆形膜片中心的振速一致，等效前后的容积速度也一致。对圆形膜片而言，其容积速度 Q_m 表示为

$$Q_m = 2\pi \int_0^a u(r) r \, \mathrm{d}r \tag{3-72}$$

对圆形平板而言，$u(r) = u(0)(1 - r^2/a^2)^2$，代入公式（3-72）可以得到

$$Q_{m\_plate} = 2\pi u(0) \int_0^a \left(1 - \frac{r^2}{a^2}\right)^2 r\mathrm{d}r = \frac{\pi a^2}{3} u(0) \tag{3-73}$$

可以得到圆形平板的等效面积和等效半径分别为

$$S_{eff\_plate} = Q_{m\_plate}/u(0) = \pi a^2/3 \tag{3-74}$$

$$R_{eff\_plate} = \pi\sqrt{3}a/3 \tag{3-75}$$

同理可以得到圆形薄膜的等效面积和等效半径分别为

$$S_{eff\_mem} = Q_{m\_mem}/u(0) = \pi a^2/2 \tag{3-76}$$

$$R_{eff\_mem} = \pi a/\sqrt{2} \tag{3-77}$$

相同的结果可以在文献[34]中找到。

2）膜片的声顺

当圆形平板的尺寸远小于声波波长时，圆形膜片的振动可以等效为一个质点振动，质点质量为 M_e，弹性系数为 K_e，质点的位移同圆形膜片的中心点位移相同，则圆形膜片的总等效势能计算表达式为

$$E_e = K_e u^2(0)/2 \tag{3-78}$$

对圆形平板而言，取圆形平板上 $(r, r+\mathrm{d}r)$ 的一个微圆环，在作用力 $\mathrm{d}F = P_0 2\pi r\mathrm{d}r$ 作用下发生位移 $u(r)$，则该面元存储的势能为

$$\mathrm{d}E_p = \frac{1}{2}\mathrm{d}F \times u(r) = \frac{P_0^2 a^4 \pi r}{64D}\left(1 - \frac{r^2}{a^2}\right)^2 \mathrm{d}r \tag{3-79}$$

则圆形平板的总势能为

$$E = \int_0^a \mathrm{d}E_p = \int_0^a \frac{P_0^2 a^4 \pi r}{64D}\left(1 - \frac{r^2}{a^2}\right)^2 \mathrm{d}r = u^2(0)\frac{32\pi D}{3a^2} \tag{3-80}$$

根据 $E_e = K_e u^2(0)/2$，可以得到 $K_e = 64\pi D/(3a^2)$，则圆形平板的力顺为

$$C_{m\_plate} = \frac{1}{K_e} = \frac{3a^2}{64\pi D} \tag{3-81}$$

对于圆形平板，其有效截面积为 $S_{eff\_plate} = \pi a^2/3$，则圆形平板的声顺表达式为

$$C_{a\_plate} = C_{m\_plate} S_{eff\_plate}^2 = \frac{\pi a^6}{192D} \tag{3-82}$$

对圆形薄膜而言，利用类似步骤可得其声顺表达式为

$$C_{a\_mem} = C_{m\_mem} S_{eff\_mem}^2 = \frac{\pi a^4}{8h\sigma} \tag{3-83}$$

3）膜片的声质量

集总参数模型下的膜片等效声质量通过其动能 E_k 进行定义。在膜片上取 $(r, r+\mathrm{d}r)$ 的一个微圆环，其质量 $\mathrm{d}m = 2\rho h\pi r\mathrm{d}r$，其中 ρ 是膜片材料的密度。该微

圆环处的速度用 $v(r)$ 表示，其位移用 $u(r)$ 表示，在简谐运动的条件下，两者满足 $v(r) = \mathrm{i}wu(r)$。

微圆环的动能可以表示为

$$dE_k = dm \cdot v^2(r)/2 \tag{3-84}$$

则膜片的整体动能表示为

$$E_k = \oint dE_k = \int_0^a \frac{1}{2}(\rho h 2\pi r dr)v^2(r) = \rho h\pi w^2 \int_0^a ru^2(r)dr \tag{3-85}$$

将 $v(r) = \mathrm{i}wu(r)$ 代入公式（3-85）进行化简，得

$$E_k = \int_0^a \frac{1}{2}(\rho h 2\pi r dr)|\mathrm{i}wu(r)|^2 = \rho h\pi w^2 \int_0^a ru^2(r)dr \tag{3-86}$$

同样的，当圆形平板尺寸远小于声波波长时，圆形膜片的振动可以等效为一个质量为 M_e、速度为 $v(0)$ 的质点振动。此时的膜片动能可以表示为

$$\overline{E_k} = \frac{1}{2}M_e v^2(0) \tag{3-87}$$

将 $v(r) = \mathrm{i}wu(r)$ 代入公式（3-87）进行化简，得到

$$\overline{E_k} = \frac{1}{2}(\mathrm{i}w)^2 M_e u^2(0) \tag{3-88}$$

对圆形平板模型而言，将其振幅表达式代入公式（3-86）计算化简后可得其动能为

$$E_{k\_plate} = \frac{a^2}{10}\pi\rho h(\mathrm{i}w)^2\left(P_0 e^{iwt}\frac{a^4}{64D}\right)^2 \tag{3-89}$$

将 $u(0) = P_0 e^{iwt}a^4/(64D)$ 代入公式（3-88），可以得到平板的等效动能为

$$\overline{E_{k\_plate}} = \frac{M_{e\_plate}}{2}(\mathrm{i}w)^2\left(P_0 e^{iwt}\frac{a^4}{64D}\right)^2 \tag{3-90}$$

比较公式（3-89）和公式（3-90），可以得到圆形平板的等效质量为

$$M_{e\_plate} = \frac{1}{5}\pi\rho h a^2 \tag{3-91}$$

根据其有效截面积公式，最终得到圆形平板的等效声质量表达式为

$$M_{a\_plate} = \frac{M_{e\_plate}}{S_{\mathrm{eff}\_plate}^2} = \frac{9\rho h}{5\pi a^2} \tag{3-92}$$

同样的，对圆形薄膜而言，利用相同步骤可得其等效质量为

$$M_{e\_mem} = \frac{1}{3}\pi\rho h a^2 \tag{3-93}$$

其等效声质量表达式为

$$M_{a\_mem} = \frac{M_{e\_mem}}{S_{eff\_mem}^2} = \frac{4\rho h}{3\pi a^2} \qquad (3\text{-}94)$$

2. 辐射声阻抗

膜片在振动时向周围介质中辐射声场，而辐射声场同时会对膜片有反作用力，等效为一个附加的机械阻抗，称为辐射声阻抗[44]。对于四周固定的圆形膜片，低频辐射问题同样可以利用等效的活塞式辐射器来讨论。只需要将膜片的有效面积和有效半径代入单面活塞辐射器的低频辐射阻抗表达式进行计算即可[124, 130]，具体表达式如下：

$$R_{rad} = \pi\rho_{fluid}c_{fluid}S^2 / \lambda^2 \qquad (3\text{-}95)$$

$$M_{rad} = 2\rho_{fluid}R^3 \qquad (3\text{-}96)$$

式中，ρ_{fluid} 和 c_{fluid} 分别表示周围介质的密度和声速。

化简得到圆形膜片的辐射声阻和声质量为

$$R_{a\_rad} = \pi\rho_{fluid}c_{fluid} / \lambda^2 \qquad (3\text{-}97)$$

$$M_{a\_rad} = \frac{2\rho_{fluid}}{\pi^2 R} \qquad (3\text{-}98)$$

膜片的辐射声阻与膜片的面积和特性无关，而圆形膜片的辐射声质量则分别利用各自的等效半径进行计算，结果如下：

$$M_{a\_plate\_rad} = \frac{2\sqrt{3}\rho_{fluid}}{\pi^3 a} \qquad (3\text{-}99)$$

$$M_{a\_mem\_rad} = \frac{2\sqrt{2}\rho_{fluid}}{\pi^3 a} \qquad (3\text{-}100)$$

3. 连通孔的声阻抗

当研究的连通孔直径较粗或者声波频率很低时，可以将其中的流体视为理想流体，不存在热损耗；但当孔比较细或者声波频率比较高时，孔壁对流体运动会产生阻碍。可以求得小孔声阻抗的精确表达式为[124]

$$Z_a = -\frac{\eta K^2 l_{hole}}{S}\left(1 - \frac{2J_1(Ka_{hole})}{Ka_{hole}\cdot J_0(Ka_{hole})}\right)^{-1} \qquad (3\text{-}101)$$

式中，l_{hole}、a_{hole}、S 分别是小孔的长度、半径和面积；$K^2 = i\rho_{fluid}w / \eta$，$\eta$ 为流体的切变黏滞系数，w 为声信号角频率；J_0 和 J_1 分别是零阶和一阶一类贝塞尔函数。可以发现，小孔的声阻抗受 $|Ka_{hole}|$ 值的影响比较大，下面分三种情况进行介绍[124]。

1）细短管

假设管的长度 l_{hole} 比声波波长小很多，满足 $|Ka_{hole}| > 10$，称为细短管。其声

阻抗可以表示为

$$R_{a\_hole} = \frac{l_{hole}}{\pi a_{hole}^3} \sqrt{2\eta w \rho_{fluid}} \qquad (3\text{-}102)$$

$$M_{a\_hole} = \frac{\rho l_{hole}}{\pi a_{hole}^2} \qquad (3\text{-}103)$$

2）毛细管

如果管非常细，满足 $|Ka_{hole}| < 1$，可以称为毛细管。此时的声阻抗可以表示为

$$R_{a\_hole} = \frac{8\eta_{fluid} l_{hole}}{\pi a_{hole}^4} \qquad (3\text{-}104)$$

$$M_{a\_hole} = \frac{4}{3} \frac{\rho_{fluid} l_{hole}}{\pi a_{hole}^2} \qquad (3\text{-}105)$$

而当孔的半径同孔的长度相当时，需要对孔的长度进行如下修正：

$$l_{eff} = l_{hole} + \frac{3\pi}{8} a_{hole} \qquad (3\text{-}106)$$

3）微孔管

当 $1 < |Ka_{hole}| < 10$ 时，称为微孔管。此时函数关系相当复杂，我国著名声学家马大猷院士经过长期研究，得到微孔管的声阻抗近似公式为[124, 131]

$$R_{a\_hole} = \frac{8\eta_{fluid} l_{hole}}{\pi a_{hole}^4} \sqrt{1 + \frac{|Ka_{hole}|^2}{32}} \qquad (3\text{-}107)$$

$$M_{a\_hole} = \frac{\rho_{fluid} l_{hole}}{\pi a_{hole}^2} \left(1 + 1 \bigg/ \sqrt{9 + \frac{|Ka_{hole}|^2}{2}} \right) \qquad (3\text{-}108)$$

当流体是空气时，可以得到工作频率为 1000Hz 时的 $|K|$ 值约 2×10^4，对应连通孔的半径为 50～500μm；当流体是水时，1000Hz 处的 $|K|$ 值约 8×10^4，对应连通孔的半径为 12.5～125μm。均处在 MEMS 技术加工的常见尺寸范围内。因此，本书利用微孔管模型对连通孔的声阻抗进行表征。

3.3 MEMS 光纤声压传感器的声学性能仿真

根据前文所分析得到的等效电路各声学元件的声阻抗表达式，通过仿真研究探头结构参数对传感器性能（传递系数、共振频率、灵敏度）的影响，为探头结构设计提供设计思路。

首先分析图 3-4 所示的密封结构。其中，初始结构特征尺寸如下：F-P 腔体体

积为 8mm³，膜片厚度为 1μm，膜片半径为 625μm。不失一般性，分别采用硅和氮化硅两种材料作为研究对象，分别对应平板模型和薄膜模型，工作环境分别设置为空气和纯水。根据公式（3-50）和公式（3-51）可以分别计算得到硅膜片的机械灵敏度为 183.1055nm/Pa，氮化硅膜片的机械灵敏度为 0.3255nm/Pa。

首先根据公式（3-67）对图 3-4 所示结构的传递系数进行仿真分析，结果如图 3-6（a）所示。在后续分析中，为了表述方便，利用缩写表示各种模型条件下的灵敏度。图中，针对膜片自身的机械响应，利用 P_M（plate_mechanics）和 M_M（membrance_mechanics）分别表示平板模型和薄膜模型对应的膜片机械灵敏度；针对传感器整体结构中的膜片响应，利用 P_A（plate_air）表示空气环境中平板模型条件下传感器的响应灵敏度，P_W（plate_water）表示水环境中平板模型条件下传感器的响应灵敏度，M_A（membrane_air）表示空气环境中薄膜模型条件下传感器的响应灵敏度，M_W（membrane_water）表示水环境中薄膜模型条件下传感器的响应灵敏度。

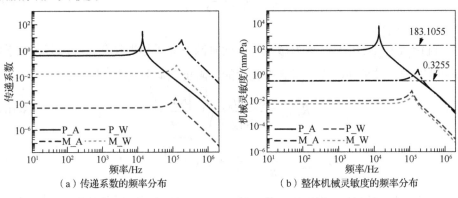

（a）传递系数的频率分布　　　　　（b）整体机械灵敏度的频率分布

图 3-6　密封型 MEMS 光纤声压传感器等效电路仿真结果

对于相同的 F-P 腔结构，膜片的物理性质不同、工作环境不同，对应的传递响应也不同。显然在分析传感器的整体机械灵敏度时，应将传递响应同膜片自身的机械灵敏度统一考虑。根据公式（3-1）可知，传感器的整体机械灵敏度可以表示为

$$S_{sensor} = \frac{dL_{cav}}{dP_{dia}}\frac{dP_{dia}}{dP_{in}} = S_{dia}\left|H_{sensor}\right| \tag{3-109}$$

式中，S_{dia} 表示膜片自身的机械灵敏度；$\left|H_{sensor}\right|$ 表示传感器的传递系数，因此传感器的实际机械灵敏度同膜片自身机械灵敏度之间存在一个传递系数的关系。

利用公式（3-109）仿真得到图 3-4 所示结构在不同膜片类型和工作环境中的机械灵敏度，结果如图 3-6（b）所示。图中同时标出了平板模型（硅膜片）和薄膜模型（氮化硅膜片）的机械灵敏度值。可以发现，传感器的整体机械灵敏度同

传递系数的形状相同，但传感器在可用频率范围内的机械灵敏度一般都低于膜片自身的机械灵敏度，这与此时的传递系数小于 1 有关。机械灵敏度更具有实际意义，其实际表征了传感器的频响特性。从图 3-6 中可以发现，当工作频率远小于共振频率（低频）时，无论是传递系数还是整体机械灵敏度都接近于定值。因此，下文对传感器的性能进行分析时，主要针对低频时的传递系数、机械灵敏度和共振频率三个参数进行仿真计算分析。

3.3.1 膜片半径对传感器性能的影响

图 3-7 所示为膜片半径对传感器性能影响的仿真结果。

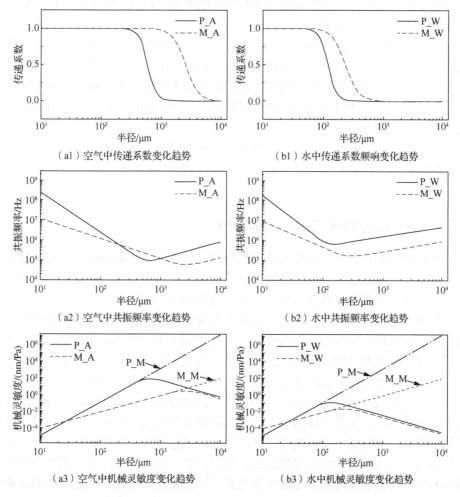

图 3-7　膜片半径对传感器性能影响的仿真结果

仿真过程中，采用密封腔体，保持腔体体积（8mm³）、膜片厚度（1μm）不变，仿真用材料分别设定为硅（平板模型）和氮化硅（薄膜模型），工作液体分别设定为空气和水。

图 3-7（a1）、（a2）、（a3）分别为空气环境中传感器的传递系数、共振频率和机械灵敏度随膜片半径的变化规律。从图中可以发现，在其他结构参数保持不变时，无论是平板模型还是薄膜模型，上述三个参数（传递系数、共振频率和机械灵敏度）的变化规律基本一致。随着膜片半径的逐渐增加，传递系数先基本保持不变，然后在某一值处逐渐下降，当下降至 0 值附近后则缓慢变化。而共振频率先随着膜片半径的增加迅速降低，在达到某一值后再随着膜片半径的增大而增大。而传感器整理的机械灵敏度先随着膜片半径的增大而增大，达到某一最大值后随着膜片半径的增人而下降。

图 3-7（b1）、（b2）、（b3）分别为水环境中传感器的性能参数随膜片半径的变化规律，其变化规律同空气中的相一致。但需要指出的是，水环境中传感器的传递系数和机械灵敏度下降非常明显。当膜片半径增加到 2500μm 时，水中的传递系数降至空气中的 $1/10^4$；而灵敏度则降至空气中的 $1/10^3$。这说明水对膜片运动的阻碍作用非常明显。

与膜片自身机械灵敏度随半径增大而增大不同，仿真结果表明膜片半径对传感器整体灵敏度的影响要稍微复杂一些。在传感器体积受限的前提条件下，需要仔细设计膜片半径。

3.3.2 膜片厚度对传感器性能的影响

采用密封腔体，保持腔体体积（8mm³）、膜片半径（625μm）不变，仿真分析膜片厚度（简称膜厚）对传感器性能的影响。仿真用材料分别设定为硅和氮化硅，工作液体分别设定为空气和水，仿真结果如图 3-8 所示。

图 3-8（a1）、（a2）、（a3）分别为空气环境中传感器的传递系数、共振频率和机械灵敏度随膜片厚度的变化规律。从图 3-8（a1）可以看出，无论是平板模型还是薄膜模型，传递系数的变化规律相一致，即先保持在一个很小的量级上，然后在某一值处随着膜厚增加而迅速增加，在接近 1 以后则缓慢变化。

从图 3-8（a2）中可以看出，两者在空气中的共振频率变化规律有很大不同。对平板模型而言，随着膜厚的增大，其共振频率先是保持稳定，然后在某一值处开始下降，在取得最小值后随着膜厚的增大而迅速增大；对薄膜模型而言，随着膜厚的增大，其共振频率先保持稳定，然后在某一值处开始上升，到达一定值之后则基本不再随着膜片的厚度增大而变化。这说明膜片厚度对平板模型的影响要远大于对于薄膜模型的影响。

从图 3-8（a3）中可以看出，随着膜厚的增大，两个模型的整体机械灵敏度均先保持稳定，而后在某一值处开始下降，并与膜片自身的机械灵敏度相当。对比传递系数可知，此时膜片的传递系数已接近于 1。

图 3-8（b1）、（b2）、（b3）分别为水环境中传感器性能指标随膜片厚度的变化规律，大部分与空气中的规律相同。但在水环境中，传递系数、共振频率和整体机械灵敏度发生变化时的膜片厚度值均大于空气环境中的对应值。从图 3-8（b2）中可以看出，水环境中薄膜模型的共振频率已几乎不受膜片厚度变化的影响。对比图 3-8（a3）、（b3）可以发现，当膜片厚度较小时，传感器在水中的整体机械灵敏度稳定在 10^{-2}nm/Pa，远低于在空气中的 10^{2}nm/Pa，同样说明了水对膜片性能的阻碍作用。在实际应用中，声学传感器膜片的厚度很少需要达到 $100\mu m$ 以上，因此可以认为，膜片厚度对传感器的性能影响要小于膜片半径的影响。

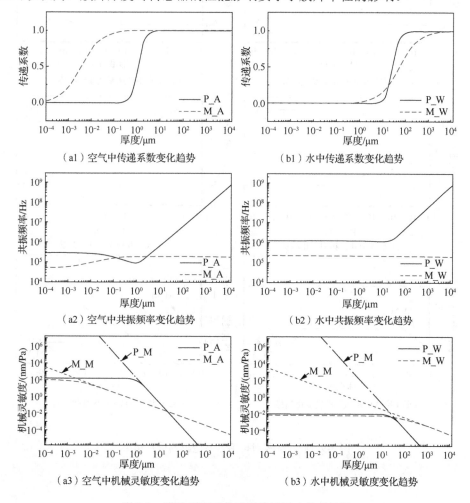

图 3-8　膜片厚度对传感器性能影响仿真结果

3.3.3 腔体体积对传感器性能的影响

采用密封腔体，保持膜片半径（625μm）和膜片厚度（1μm）不变，仿真分析腔体体积对传感器性能的影响。仿真用材料分别设定为硅（平板模型）和氮化硅（薄膜模型），工作液体分别设定为空气和水，仿真结果如图 3-9 所示。

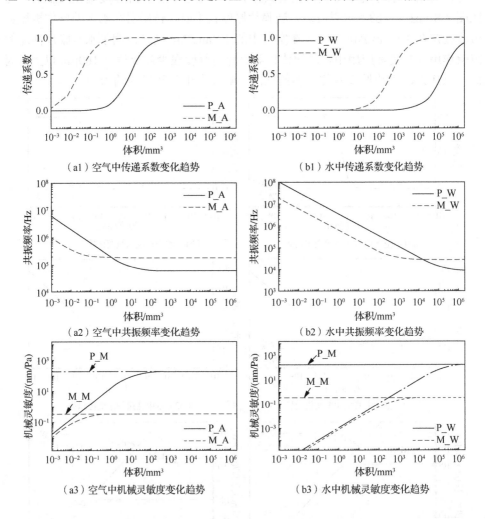

图 3-9 腔体体积对传感器性能影响仿真结果

图 3-9（a1）、（a2）、（a3）分别为空气环境中传感器的传递系数、共振频率和机械灵敏度随腔体体积的变化规律。从仿真结果可以得到，无论是平板模型还是薄膜模型，其传递系数同腔体体积之间的关系类似于其与膜片厚度之间的关系；而传感器的共振频率则随着腔体体积的增大而迅速降低，在达到某一值之后趋于稳定。传感器整体的机械灵敏度先随着腔体体积的增大而增大，在传递系数达到 1 以后则稳定在膜片自身的机械灵敏度水平。

图 3-9（b1）、（b2）、（b3）分别为水环境中传感器性能指标随膜片厚度的变化规律，大部分与空气中的规律相同。不同的地方在于，在水环境中，传感器的传递系数、共振频率、机械灵敏度只有在腔体体积较大时才趋近稳定，而且在稳定之前的灵敏度远小于其在空气环境中的灵敏度。

总体来说，腔体体积对传感器性能的影响比较简单。在一定的范围内，传感器的共振频率随腔体体积的增大而降低，整体机械灵敏则随之增大；进一步增大腔体体积对传感器的性能则基本无影响。因此可以通过简单改变腔体体积来改善传感器的性能指标，但该方法不适应于传感器的体积受到严格限制的场合。

3.3.4 膜片内应力对传感器性能的影响

同样采用密封腔体，保持膜片材料（氮化硅）、腔体体积（$8mm^3$）、膜片半径（$625\mu m$）、膜片厚度（$1\mu m$）不变，工作环境介质分别设定为空气和水，分析膜片内应力对传感器性能的影响。仿真过程中，不考虑当内应力过低时，薄膜模型转化为平板模型的状态。仿真结果如图 3-10 所示。

从图 3-10 中可以看出，无论是在空气环境中还是在水环境中，传感器的性能参数与膜片内应力之间的变化规律基本一致。随着膜片内应力的增大，传感器的传递系数先基本稳定在 0 附近，在某一值处开始随着膜片内应力的增大而增大，在接近 1 以后则趋于稳定，如图 3-10（a）所示；传感器的共振频率则先保持稳定，但在内应力达到某一值之后迅速增大，如图 3-10（b）所示；而整体机械灵敏度同样先保持稳定，但在内应力达到某一值之后开始迅速随之减小，如图 3-10（c）所示。类似的，当膜片内应力较小时，传感器在水中的整体机械灵敏度要远小于其在空气中的整体灵敏度。

整体而言，对薄膜模型来说，降低膜片的内应力有助于增大传感器的机械灵敏度，这一点在空气环境中更为有效。

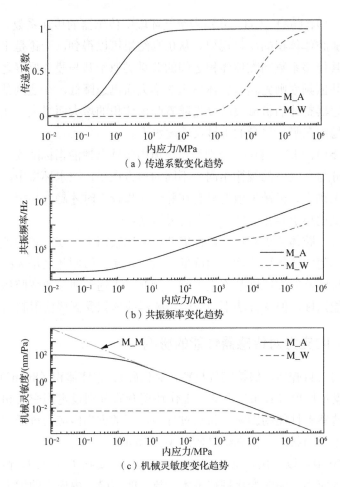

图 3-10　膜片内应力对传感器性能影响仿真结果

3.3.5　连通孔尺寸对传感器性能的影响

实际应用中，一般通过引入连通孔平衡腔内外的静压水平，需要分析连通孔的尺寸对声压传感器的性能造成的影响。分析过程中保持腔体体积（8mm³）、膜片半径（625μm）、膜片厚度（1μm）不变，膜片材料分别设定为硅（平板模型）和氮化硅（薄膜模型），工作环境分别设定为空气和水。仿真分析连通孔尺寸（半径、长度）对传感器性能的影响。连通孔初始尺寸为：半径50μm，长度50μm。首先保持连通孔的长度（50μm）不变，改变连通孔的半径，仿真结果如图3-11所示。

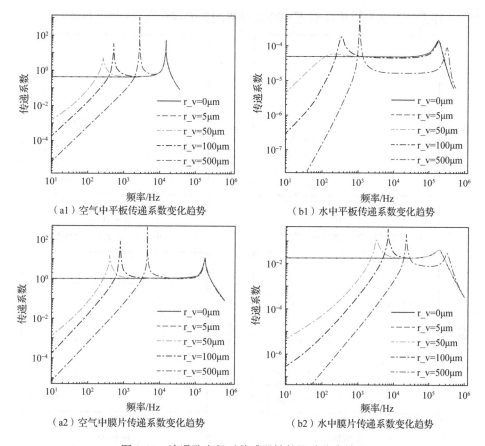

（a1）空气中平板传递系数变化趋势 （b1）水中平板传递系数变化趋势

（a2）空气中膜片传递系数变化趋势 （b2）水中膜片传递系数变化趋势

图 3-11 连通孔半径对传感器性能影响仿真结果

图 3-11（a1）、（b1）、（a2）、（b2）分别为空气环境/水环境中平板/薄膜模型在不同孔半径（r_v=5μm、r_v=50μm、r_v=100μm、r_v=500μm）条件下的传递系数频响特性，其中 r_v = 0μm 表示腔体密封。从图 3-11（a1）中可以发现，当连通孔存在时，频响特性中出现了两个共振峰。第二个共振峰值与腔体密封状态下的共振峰值一致；而第一个共振峰值则随着连通孔半径的增大逐渐向高频方向移动。两个共振峰之间部分的传递系数基本保持不变。相似的规律可以在图 3-11（a2）中发现。如图 3-11（b1）、（b2）所示，在水环境中，当连通孔半径逐渐增加，其第一个共振频率值也逐渐增加，第二个共振频率值一开始同样保持稳定，但当孔半径增加过大时，该共振频率值也随着增加。两个共振峰值之间的传递系数也开始降低。

保持连通孔的半径（50μm）不变，改变连通孔的长度，仿真结果如图 3-12所示。图 3-12（a1）、（b1）、（a2）、（b2）分别为空气环境/水环境中平板/薄膜模型在不同孔长度（l_v=5μm、l_v=50μm、l_v=500μm、l_v=5000μm）条件下的传递系数变化，其中 l_v→∞ 表示腔体密封。图 3-12 中表现出来的变化规律同图 3-11

类似，即第一个共振峰值随着连通孔长度的增加而逐渐向低频方向移动。

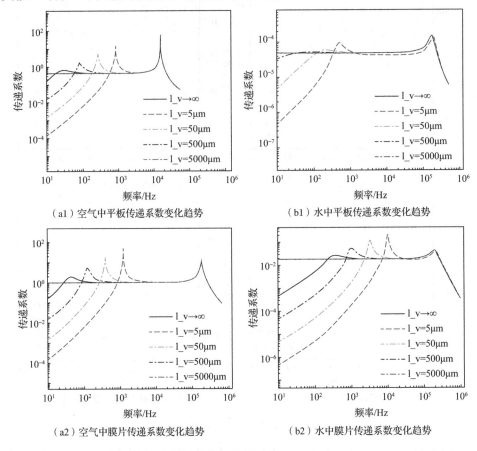

（a1）空气中平板传递系数变化趋势　　（b1）水中平板传递系数变化趋势

（a2）空气中膜片传递系数变化趋势　　（b2）水中膜片传递系数变化趋势

图 3-12　连通孔长度对传感器性能影响仿真结果

　　从仿真结果可以发现，连通孔的尺寸决定了声压传感器的低频性能。实际应用过程中，一般需要传感器具有良好的低频响应，连通孔只需要平衡腔内外静水压（即滤除 0Hz 的声波）即可，设计时应减小连通孔的半径并增加连通孔的长度。而在某些需要抗混叠滤波的场合，需要传感器自身具有合适形状的频响特性，此时可根据具体要求仔细设计连通孔的形状尺寸[44, 132]。

　　同样的，对比不同模型分别在空气环境和水环境中的传递系数可以发现，传感器在水中的传递系数下降非常明显。其中平板模型的传递系数大约下降至原来的 0.01%，而薄膜模型的传递系数大约下降至不足原来的 2%。由于分析过程中膜片的相关参数没有变化，故传感器的整体机械灵敏度变化规律与传递系数的变化规律相一致，在此不再进行分析。

　　需要说明的是，在分析过程中我们采用的连通孔模型是理想情况下小孔的声阻抗模型，忽略了管口黏滞损耗和辐射的影响。如果需要更加精确的结果，则要对小孔进行进一步末端修正[44]。

3.3.6 空气腔对水听器的增敏作用研究

由于空气的可压缩比要远大于水的可压缩比，因此可以考虑在 MEMS 光纤水听器的腔内填充空气来提高传感器的灵敏度。为了保证膜片不在静水压作用下发生形变，假设 F-P 腔的底端由刚性活塞组成，活塞可以在两侧静压差的作用下自由无阻尼地运动，但声音不会透过活塞传递进入 F-P 腔内，此时的水听器结构示意图如图 3-13 所示。此时的等效电路仍然可以用图 3-4（b）表示，但计算传递系数时，需要将腔体的声阻抗用空气腔的相关物理参数替换[39]。根据公式（3-63），此时需要知道腔体的体积、腔体内气体的密度和声速。

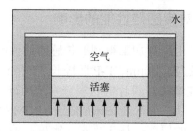

图 3-13　基于空气腔的 MEMS 光纤水听器结构示意图

假设 F-P 腔在空气中时初始体积为 $V_0=16\text{mm}^3$，腔内压强为 P_0（1 个标准大气压），而传感器在工作水深为 h 时所承受的静水压为 $P_1 = \rho_{\text{water}} gh$，稳定状态时 F-P 腔内压强为 P_0+P_1。由理想气体状态方程可知，此时 F-P 腔的体积 V_1 满足

$$P_0 V_0 = (P_0 + P_1) V_1 \qquad (3\text{-}110)$$

此时腔内气体的密度满足 $\rho_{c\_\text{air}} = \rho_{\text{air}} V_0 / V_1 = \rho_{\text{air}} (P_0 + P_1) / P_0$。假设腔体内气体的声速同未压缩条件下保持一致。不同水深条件下，仿真得到不同膜片模型对应的传递响应如图 3-14 所示。图 3-14（a）对应平板模型，图 3-14（b）对应薄膜模型。

作为对比，两幅图中均给出了相同结构的传感器在空气环境和水腔条件下的频率响应。可以发现，无论是平板模型还是薄膜模型，当采用空气作为 F-P 腔的填充材料时，传递系数均高于水作为填充材料的情形，说明采用空气填充 F-P 腔可以起到良好的增敏特性，平板模型传递系数受水深的影响要大于薄膜模型受水深的影响。

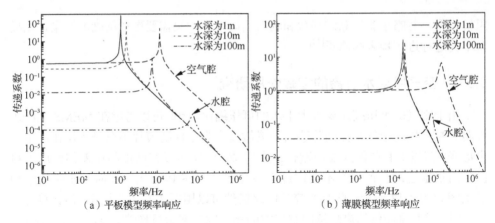

（a）平板模型频率响应　　　　　　（b）薄膜模型频率响应

图 3-14　不同水深条件下空气腔 MEMS 光纤传感器传递系数

3.3.7　常见膜片材料对传感器性能的影响

最后考察分析实际常用膜片加工得到的传感器的性能情况。采用圆柱形密封腔体结构，设定膜片半径为 1250μm，F-P 腔腔长 370μm，填充材料分别设定为空气和水，没有进行空气腔增敏。膜片的材料分别选用硅、氮化硅、石英、PET、银、石墨烯、聚二甲基硅氧烷（polydimethylsiloxane,PDMS）等，分析传感器性能的变化规律。所采用的膜片的厚度、杨氏模量、密度、泊松比、内应力等参数如表 3-1 所示。仿真时硅膜片厚度仍为 1μm，而氮化硅膜片厚度变为 0.1μm。

仿真结果如图 3-15 所示，在空气环境中，传感器的性能与受膜片材料的影响较大。但总体而言，平板模型膜片的传递系数和整体机械灵敏度均高于薄膜模型膜片。而在水环境中，传感器的传递系数受膜片材料的影响较大，但共振频率却几乎不受膜片材料的影响。传感器的整体灵敏度则明显分成了两类：一类是平板模型膜片，包括硅、石英、PET、PDMS、石墨烯，其机械灵敏度特征高度重合；另一类是薄膜模型膜片，包括氮化硅和银，其机械灵敏度特征也高度重合，而平板模型膜片的机械灵敏度则高于薄膜模型膜片的机械灵敏度。

表 3-1　膜片物理参数

膜片材料	常用厚度/μm	材料密度 ρ /(kg/m³)	杨氏模量 E/MPa	泊松比 υ	内应力 σ/MPa
石英	1	2200	72.4×10^3	0.16	0
PET[133]	15	1400	4.9×10^3	0.32	0
PDMS	15	970	1.32	0.499	0
石墨烯	0.1	1060	1×10^6	0.17	0
银	0.2	10500	76×10^3	0.37	310

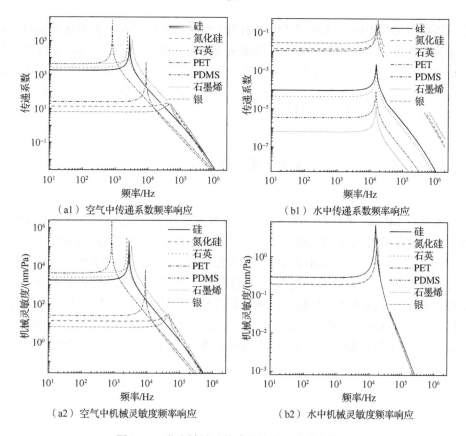

图 3-15 膜片材料对传感器性能影响仿真结果

综合分析可知，传感器各结构参数对其性能的影响较为复杂，具体设计时需根据需求综合考虑。对 MEMS 光纤声压传感器而言，若以提高传感器的灵敏度为目标，可以考虑通过增加膜片面积、减小膜片厚度、降低膜片内应力、增加 F-P 腔体体积等方式实现。根据前述讨论，对微型 MEMS 光纤声压传感器结构而言，在设计的时候可以参考下述规律：

（1）适度增大膜片面积、减小膜片厚度有助提高灵敏度。

（2）降低薄膜中的内应力有助于提高灵敏度。

（3）水腔对水听器的灵敏度有明显的抑制作用，增加 F-P 腔体体积有助于提高灵敏度。

（4）增大连通孔长度、减小连通孔半径有助于降低传感器的低频截止频率，改善低频性能。

需要说明的是，电-力-声模型在进行类比时所需的三个前提条件是非常理想的情形，特别是（3）（腔壁是刚性的）在实际情形中（特别在水中时）难以满足。当壁面弹性不可忽略时，其作用相当于在传感器中引入了新的传声通道，从而使得传感器的低频性能恶化；同时弹性的腔壁也相当于储能元件，使得 F-P 腔的实际声体积增加，在一定程度上会增加传感器的灵敏度；而弹性腔壁会在外加内外声压差的作用下发生振动，从而产生声辐射，其对传感器的性能影响则更为复杂，需要进一步讨论分析[44]。

3.4 本 章 小 结

本章对 MEMS 光纤声压传感器的力学性能进行了详细分析。首先从机械性能角度，建立了膜片的振动方程，推导了膜片的自由振动和受迫振动方程，并分别得到平板模型和薄膜模型两种特殊结构的振动模型；然后利用集中参数模型得到光纤声压传感器的等效电路模型，分析推导了各组成声学元件的声阻抗表达式，重点讨论了在不同的工作环境中，膜片的性质、结构参数、F-P 腔体体积、连通孔尺寸等对探头声学性能等的影响，并分析了空气腔对 MEMS 光纤水听器的增敏作用。本章的研究成果可以为光纤声压传感器的结构设计提供理论指导。

4 MEMS 光纤声压传感器膜片加工技术

根据前文介绍可知，在 MEMS 光纤声压传感器中，膜片一方面作为光学元件，同光纤端面一起组成 F-P 腔，另一方面作为声压敏感元件，将入射声压转化为 F-P 腔反射光信号的变化。因此，高质量的膜片是高性能 MEMS 光纤声压传感器的基础。高质量意味着膜片需同时具有较高的光学反射率和较高的压力灵敏度。同时，为了保证传感器间的性能一致性，要求膜片的加工结果具有良好的重复性。本章首先从材料和膜片结构方面对声压敏感膜片的研究现状进行分析，然后对作者所在课题组在该方面的一些研究进行介绍。

4.1 声压敏感膜片材料研究现状

4.1.1 硅基材料

硅、氮化硅和石英玻璃（二氧化硅）是 MEMS 技术领域中最常见的材料。由于成膜困难，石英材料很少被用作 MEMS 电容式麦克风的膜片材料。相比之下，氮化硅膜片可以方便地利用低压化学气相沉积（low pressure chemical vapor deposition, LPCVD）和等离子体增强化学气相沉积（plasma-enhanced chemical vapor deposition, PECVD）等工艺制作，而硅膜片也可以利用刻蚀或者腐蚀方法加工得到，因此这两种材料被广泛用作 MEMS 电容式麦克风的膜片材料[41, 128, 130]。硅材料同样被选作 MEMS 光纤声压传感器的膜片材料[28, 65, 134-136]。利用硅膜片既可以加工 Fiber-tip 结构的传感器，也可以加工 Fiber-end 结构的传感器[134]。

硅膜片一般通过采用湿法腐蚀或者深反应离子刻蚀（deep reactive-ion etching, DRIE）等工艺加工得到，并采用键合或者胶粘的方式实现 F-P 结构的封装[134]。但利用腐蚀方法加工得到的膜片厚度一般不易控制，而 DRIE 的加工时间和成本较高，膜片表面粗糙度难以保证。另外，键合工艺通常需要在一定的温度下完成，从而在膜片中引入额外的压应力，导致膜片皱褶，一般需要进行退火工艺或蒸镀一层氮化硅膜片来减轻压应力的影响，并保持膜片的平整性。

2005 年，美国新泽西理工学院的 Wang 等研制了可以用于检测高压变电器中放电现象的 MEMS 光纤声压传感器[136]，其结构示意图如图 4-1 所示。其采用的正方形硅膜片边长为 2mm，厚度为 25μm，为了提高硅膜片的反射率，在硅膜片上镀了一层厚度为 10nm 的金膜。测试结果表明，该传感器在 20～80kHz 的范围内有相对一致的响应，最小可探测声压约 2.8Pa。2020 年，西北工业大学的研究人员在膜片中间引入了梁支撑结构[137, 138]，通过降低阻尼比的方式提高了传感器在共振频率处的灵敏度，其噪声等效最小可探测声压则降至约 63μPa/Hz$^{1/2}$。

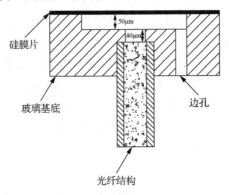

硅膜片

玻璃基底

边孔

光纤结构

图 4-1　基于硅膜片的 MEMS 光纤声压传感器[136]

除了通过镀膜来改善硅膜片的反射特性之外，还可以通过将硅膜片加工成平板光子晶体来改善其性能。平板光子晶体是通过在高折射率介质层（比如硅）上加工二维周期性孔阵列得到的。通过控制薄膜的厚度、孔的大小和阵列的周期，可以在特定的频率内对入射光得到很高的反射率[43]，保证了膜片的光学性能；同时周期性孔的引入使得平板光子晶体具有较高的机械灵敏度。

2007 年，斯坦福大学的 Kilic 等首次将高反射率平板光子晶体结构应用于 MEMS 光纤麦克风中[139]。其所用平板光子晶体实物图及传感器结构示意图如图 4-2 所示。空气中的测量结果表明该传感器的频率响应至少可达 50kHz，所能探测的压力最低可达 18μPa/Hz$^{1/2}$。2011 年，该课题组进一步将平板光子晶体结构应用于 MEMS 光纤水听器中，并利用等效电路方法对探头结构进行了系统的分析和优化[13, 14, 43]。测试结果表明，水听器在 100Hz～8kHz 范围内具有相对一致的频响特性，灵敏度大约为 0.03Pa^{-1}，在 1～30kHz 范围内的平均最小可探测声压为约 33μPa/Hz$^{1/2}$，其结构示意图及实物图如图 4-3 所示。

基于平板光子晶体 MEMS 光纤声压传感器的性能优异，但由于平板光子晶体的加工一般需要利用电子束曝光和反应离子刻蚀（reactive-ion etching, RIE）工艺，加工效率低且成本较高[139]。研究低成本、高效率的平板光子晶体加工方法是该方案下一步的研究方向。

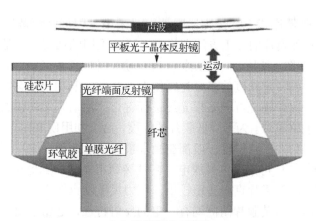

（a）传感器结构示意图

（b）平板光子晶体SEM照片

图 4-2 基于平板光子晶体的 MEMS 光纤声压传感器[139]

SEM（scanning electron microscope）：扫描电子显微镜

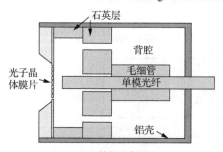

（a）结构示意图

（b）水听器实物图

图 4-3 基于平板光子晶体的 MEMS 光纤水听器[140]

　　石英膜片在膜片式光纤传感器中被广泛采用，但通常都被用于压力测试之中[21, 141-143]。石英膜片的加工方法有很多，通常采用的加工工艺是对光纤进行切割研磨[21, 144]，如图 4-4 所示。首先将一段多模光纤同单模光纤键合；然后利用光纤切割刀切割得到特定长度的多模光纤作为 F-P 腔；利用湿法腐蚀多模光纤的纤芯之后，再将一段单模光纤同多模光纤进行键合；然后利用切割刀切割一段单模光纤作为压力敏感膜片。为了降低膜片的厚度，后续利用研磨抛光工艺进行减薄。但该方法加工得到的膜片厚度一般都在微米量级，后期利用 HF 腐蚀也难以降低其纳米尺度[21, 22, 145]。可采用电弧放电工艺直接利用光纤加工得到厚度为纳米级的石英膜片[146, 147]，但膜片直径普遍较小，压力灵敏度也较小，不适用于微弱声压检测。同时，由于石英膜片两侧均有一定的反射特性，通常需要对其外表面进行一定的粗糙化处理。

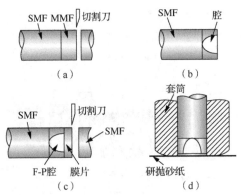

图 4-4　基于切割研磨的石英膜片加工工艺[21]

MMF（multi mode fiber）：多模光纤

　　图 4-5 所示为大连理工大学的于清旭等利用石英膜片加工得到的全石英结构的 MEMS 光纤声压传感器[142]，该传感器可用于水下超声信号探测。为了平衡 F-P 腔内外静压，采用一个具有连通孔的熔融石英毛细管。薄膜直径为 1mm，厚度为 25μm，灵敏度为 9.68nm/kPa。

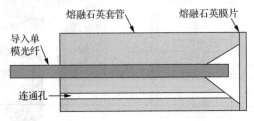

图 4-5　用于水下超声探测的全石英 MEMS 光纤声压传感器[142]

4.1.2 金属材料

金属材料也可以用作膜片材料。其优势在于金属具有良好的延展性和良好的成膜特性，且同时具有良好的机械性能和光学性能。通常情况下，金属膜片材料可以利用磁控溅射等实现，具有良好的加工性。

2012 年，Guo 等利用银膜片加工 MEMS 传感器，所采用的银膜片厚度为300nm，直径为 75μm，加工得到传感器的静压灵敏度为 1.6nm/kPa，共振频率为1.44MHz[148]。同年，石小龙等也利用银膜加工 F-P 传感器，其在 0～50kPa 范围内具有 70.5nm/kPa 的静压灵敏度，对温度灵敏度为 39.3nm/℃，所采用膜片厚度为 130nm，直径为 125μm[149]。2014 年，安徽大学课题组利用厚度为 150nm、直径为 2.5mm 的银膜片加工得到如图 4-6 所示的 MEMS 光纤声压传感器，其灵敏度达到 160nm/Pa，最小可探测声压为 14.5μPa/Hz$^{1/2}$[150]。

银膜片可以通过真空蒸镀或银氨反应得到，其转移工艺也可以通过湿法转移实现，但同样会遭遇平整性问题[151]。另一种方法是利用干法转移（dry transfer）工艺进行，典型的步骤如图 4-7 所示，在基底上先蒸镀一层水溶性的 LiF 材料作为牺牲层，再利用电子束蒸发的方式在 LiF 层上沉积一层银；将探头端面涂覆一层光致固化胶后贴合在银膜表面，然后进行光照固化；最后滴上水溶解 LiF 并释放银膜[152]。但该方法得到的银膜片直径只有 75μm，得到的声压传感器灵敏度只有 1.6nm/kPa，不适于进行微弱声压信号检测。

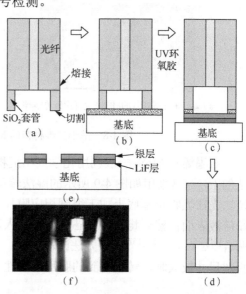

图 4-6 基于银膜片的 MEMS 光纤声压
传感器照片[150]

图 4-7 基于干法转移工艺的银膜片加工工艺[152]

UV（ultraviolet ray）：紫外线

4.1.3　二维材料

随着石墨烯等材料的兴起，很多课题组开始研究利用二维材料作为声压敏感膜片组成 F-P 腔[153-156]。香港理工大学的马军等利用石墨烯薄膜加工得到直径为 25μm 的 EFPI 结构的传感器，灵敏度为 39.4nm/kPa[153]。2013 年，该课题组又利用厚度为 100nm、直径为 125μm 的多层石墨烯作为敏感膜，加工得到的传感器灵敏度为 1.1nm/Pa，频响范围为 0.2～22kHz，最小可探测声压为 60μPa/Hz$^{1/2}$[157]。2016 年，美国马里兰大学的研究人员利用石墨烯加工的微型光纤声压传感器，第一次对声学超材料的声场分布进行了测试[158]。

石墨烯作为声压敏感膜片的优势在于相同的灵敏度条件下，石墨烯膜片具有最高的共振频率[155]。2018 年，华中科技大学的鲁平课题组利用厚度为 10nm 的石墨烯薄膜构建了具有超宽频响特性的光学声压传感器，其工作频率从 5Hz 覆盖到 0.8MHz。该课题组同样演示了其用于水声探测的可行性[156]。石墨烯材料也同样被用于加工电容式麦克风[159, 160]。

2016 年，清华大学的 Yu 等利用直径为 125μm、厚度为 2nm 的 MoS_2 作为声压敏感膜片加工得到声压传感器，其灵敏度达到了 89.3nm/Pa[161]。图 4-8 所示分别为基于石墨烯膜片和 MoS_2 膜片的 MEMS 光纤声压传感器。

（a）基于石墨烯膜片的MEMS光纤声压传感器[158]　（b）基于MoS_2膜片的MEMS光纤声压传感器[161]

图 4-8　基于二维材料的 MEMS 光纤声压传感器

石墨烯和 MoS_2 一般利用化学气相沉积（chemical vapor deposition, CVD）方法加工，通常采用如图 4-9 所示的湿法转移（wet transfer）工艺完成膜片的转移封装。先在牺牲层基底上加工得到相应膜片；利用腐蚀液去除牺牲层，将膜片悬浮在溶液表面；然后将陶瓷插芯等直接插入溶液中有膜片的地方，取出干燥后完成贴合[149-151, 153, 157, 162]。该方法比较简单，适用于小尺寸的膜片转移贴合，但是当膜片尺寸较大时，转移得到的膜片平整性很难得到保证。

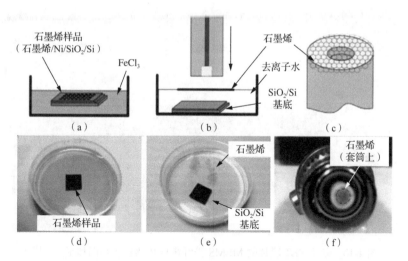

图 4-9　基于湿法转移工艺的石墨烯膜片加工工艺[153]

4.1.4　有机材料

有机薄膜也同样被用作声压敏感膜片[52, 163, 164]。早在 1995 年，Zhou 等就利用金属化的聚酯薄膜材料得到 F-P 腔结构，薄膜直径为 1.2mm。该传感器在 20Hz～3kHz 中具有平坦的频响特性，其灵敏度为 1.6rad/Pa[52]。2016 年，华中科技大学的 Liu 等利用紫外固化胶作为膜片材料加工得到高灵敏度的低频光纤麦克风结构[164]。其在 1Hz～20kHz 内具有相对一致的频响特性，灵敏度大约为 57.3mV/Pa，在 1～20Hz 范围内的最小可探测声压大约为 11.2mPa/Hz$^{1/2}$，在 10kHz 处的最小可探测声压为 52.4μPa/Hz$^{1/2}$。2016 年，华中科技大学的 Wang 等利用 PET 膜片加工得到可用于次声波探测的 MEMS 光纤声压传感器[165]，其实物和结构示意图如图 4-10 所示。其膜片厚度为 50μm，直径为 23.2mm，传感器在 1～20Hz 范围内具有良好频响特性，灵敏度大约为-138dB re 1 V/μPa，最小可探测声压为大约 5mPa。

将前文介绍的各种材料膜片组成的传感器的典型性能总结如图 4-11 所示，其中 D 表示膜片的直径。可以发现，膜片厚度越小，面积越大，灵敏度就有可能越大。但面积增大与传感器的小型化趋势不相符。MoS$_2$ 虽然在较小的面积条件下得到了较高的灵敏度，但前文已经指出，该材料加工困难，不适于推广应用。不同材料在不同结构条件下的灵敏度不同，设计时应根据实际需求仔细选择。

此外，针对高温条件下的压力测量，研究人员先后研究了 SiC[166]、蓝宝石[167-170]、陶瓷[171]等材料构建的膜片结构。同前述材料相比，这些材料通常需要专门的刻蚀与键合工艺。在此不再详细叙述。感兴趣的读者可以参考相关文献。

图 4-10 基于 PET 膜片的 MEMS 光纤声压传感器实物图和示意图[165]

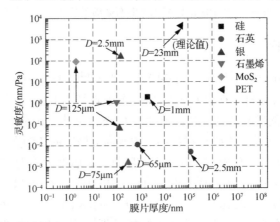

图 4-11 不同材料膜片的传感器灵敏度分布图

4.2 声压敏感膜片结构研究现状

常见的膜片结构主要有三种（图 4-12），前文所述文献中的膜片结构多为平膜（flat diaphragm）结构，示意图如图 4-12（a）所示，其结构特征是膜片截面为矩形。平膜结构具有加工简单、理论分析容易等优势，但其在外界压力作用下将变成非平面，降低了传感器的光学性能[135]。对膜片结构而言，有两种方案用于降低该影响：一是在膜片中间加工平台结构，称为"凸台"结构，如图 4-12（b）所示；二是在膜片中引入波纹结构，称为"纹膜"结构，如图 4-12（c）所示。下文将分别介绍两者的研究现状，并从理论上对其机械性能进行分析。

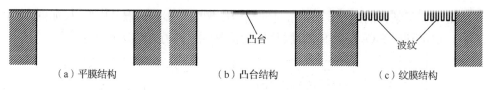

（a）平膜结构　　　　　　　　（b）凸台结构　　　　　　　　（c）纹膜结构

图 4-12　膜片结构典型类型

4.2.1　凸台结构

1. 研究现状

中间凸台结构的引入可以使得膜片中心基本保持平面。2007 年，中国地质大学的 Lu 等利用该结构加工得到液位传感器[28]；2008 年，南京师范大学的王鸣课题组利用该结构得到压力传感器，灵敏度为 1.707μm/MPa[135]。2014 年，国防科技大学的胡永明教授课题组利用中间凸台结构的硅膜片加工得到 MEMS 光纤水听器，结构示意图如图 4-13 所示[172]。所用的膜片半径为 0.5mm，厚度为 3μm；凸台半径为 0.18mm，厚度为 5μm。实验结果表明，该传感器在 10Hz～2kHz 的范围内具有一致的频响特性，灵敏度为-154.6dB re 1V/μPa。

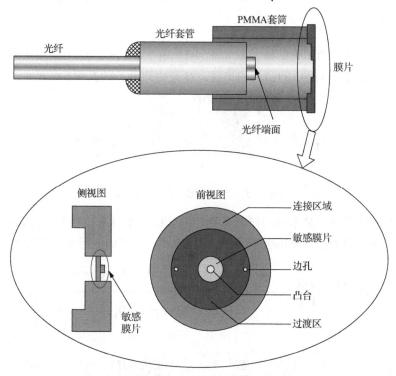

图 4-13　基于凸台膜片的 MEMS 光纤水听器[172]

PMMA（polymethylmethacrylate）：聚甲基丙烯酸甲酯

由于加工条件的限制，目前常见的凸台结构膜片多为硅膜片[172-174]。如图 4-14 所示，通常利用 SiO$_2$ 或者 Si$_3$N$_4$ 膜片作为抗刻蚀层进行深硅刻蚀工艺[135]。

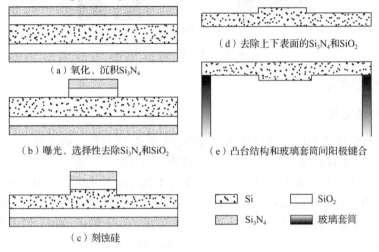

（a）氧化、沉积Si$_3$N$_4$

（b）曝光、选择性去除Si$_3$N$_4$和SiO$_2$

（c）刻蚀硅

（d）去除上下表面的Si$_3$N$_4$和SiO$_2$

（e）凸台结构和玻璃套筒间阳极键合

Si		SiO$_2$	
Si$_3$N$_4$		玻璃套筒	

图 4-14　凸台结构膜片加工流程[135]

2. 理论分析

凸台结构膜片的相关结构参数如图 4-15 所示。其中，r_0 是膜片整体半径，h 是膜片基底厚度，r_1 是中间凸台的半径，H 是中间凸台的高度。

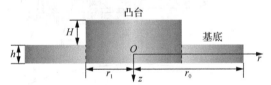

图 4-15　凸台结构膜片的截面图

由于凸台结构不是本书的研究重点，因此此处不再给出其形变公式的详细推导过程。感兴趣的读者可以去查阅相关文献[172]。该结构的形变灵敏度为

$$S = \frac{D_0 r_1^4 + D_1(r_0^4 - r_1^4)}{64 D_0 D_1} + \frac{(D_1 - D_0)(r_0^2 - r_1^2) r_0^2 r_1^2 \ln \frac{r_1}{r_0}}{16 D_0 \left(D_1(r_0^2 - r_1^2) + D_0 \left(\frac{1-v}{1+v} r_0^2 + r_1^2 \right) \right)} \qquad (4-1)$$

式中，

$$D_0 = \frac{Eh^3}{12(1-v^2)}, \quad D_1 = \frac{E(h+H)^3}{12(1-v^2)} \qquad (4-2)$$

分别是膜片凸台边缘区域和凸台区域的抗弯刚度。

4.2.2 纹膜结构

1. 研究现状

在膜片中引入波纹结构，不仅可以改善膜片中心点的形变，还可以通过释放膜片内应力的方式提高传感器的灵敏度[127, 175]。自 1994 年开始，纹膜结构已被广泛应用于电容式麦克风结构的加工中，并取得良好的效果[19, 127, 129, 176, 177]。根据波纹深度的不同，可以将纹膜分成"浅纹膜"（shallow corrugated diaphragm）和"单深纹膜"（single deep corrugated diaphragm, SDCD）两种，利用其加工得到的电容式麦克风结构示意图分别如图 4-16（a）和（b）所示。两者都可以释放膜片自身的内应力，但"浅纹膜"更适应于膜片自身内应力较大的情形[129]。受限于传统 MEMS 加工工艺，现有的纹膜结构多以硅、氮化硅材料为主。

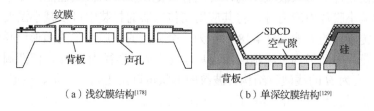

（a）浅纹膜结构[178]　　　　　　（b）单深纹膜结构[129]

图 4-16　基于纹膜的电容式麦克风结构

目前基于纹膜结构的 MEMS 光纤声压传感器的文献数量有限[19, 179-181]。2006年，新加坡国立大学的 Dagang 等利用氮化硅/硅/氮化硅复合结构的 SDCD 加工得到 F-P 光纤压力传感器，并将其用于血压监测[19]。图 4-17（a）所示为 2015 年安徽大学的宫奎利用 MEMS 工艺加工得到的二氧化硅纹膜，可以发现波纹结构的引入有效消除了压应力造成的膜片皱褶[181]。2011 年，中国台湾的 Huang 等提出利用金属铝纹膜结构加工电容式麦克风，但文中没有对具体的结构参数和加工工艺进行说明[176]。2018 年，电子科技大学的饶云江课题组利用同心环的氮化硅纹膜结构加工了 MEMS 麦克风结构[182]。2016 年，有研究人员利用双光子曝光技术直接在单模光纤端口加工了由微型弹簧支撑的半球型光栅膜片，并利用该膜片实现了基于强度解调的微型光纤麦克风结构[183]。该麦克风结构可以实现对 400～2000Hz 范围内的声压测试。该研究的重要意义是提供了直接在光纤端面进行功能结构加工的可行性。值得一提的是，以色列的 Opto-acoustic 公司已利用纹膜加工得到了可应用于工业领域光纤麦克风系列产品，其典型结构如图 4-17（b）所示[184]，但其采用的是强度调制方案。

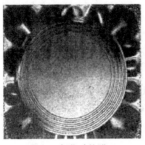
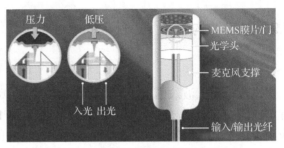

（a）二氧化硅纹膜[181]　　　　　　　（b）纹膜麦克风产品结构示意图[184]

图 4-17　基于纹膜的 F-P 光纤压力传感器

2. 理论分析

通过在膜片中引入波纹结构，可以有效提升膜片的机械性能，如增大线性形变范围和减小膜片内应力等，将其应用在传感器的封装中可以减小温度变化和封装压力对传感器的影响。图 4-18 所示为一个典型的四周固定的圆形纹膜结构剖面示意图，膜片中间仍为平膜结构，膜片厚度为 h，半径为 $R_d=a$，但四周引入了周期为 l、深度为 H 的浅波纹结构。波纹的形状可以是正弦、三角、矩形、梯形等，但波纹形状对膜片的性能影响不大，而波纹的深度、周期和波纹的占空比（l/a）等对其性能影响较大[185]。下文对此进行简要分析[127]。

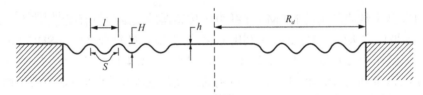

图 4-18　纹膜结构剖面图[127]

1）无初始应力的纹膜结构

对无初始应力的圆形平板而言，其中心点的形变同外加压力之间的关系满足公式（3-53）。当在膜片中引入波纹结构后（假设波纹结构布满整个膜片），其中心点形变可以近似表示为[185]

$$P_0 = a_p \frac{E}{1-v^2} \frac{h^3}{a^4} u(0) + b_p \frac{E}{1-v^2} \frac{h^3}{a^4} u^3(0) \tag{4-3}$$

式中，

$$a_p = \frac{2(q+3)(q+1)}{3(1-v^2/q^2)} \tag{4-4}$$

$$b_p = 32\frac{1-v^2}{q^2-9}\left(\frac{1}{6} - \frac{3-v}{(q-v)(q+3)}\right) \tag{4-5}$$

$$q^2 = \frac{S}{l}\left(1 + 1.5\frac{H^2}{h^2}\right) \tag{4-6}$$

其中，q 称为波纹的品质因数，S 是波纹的弧长。对方形波纹形状而言，$S/l = (R_d + 2NH)/R_d$，N 是波纹的数目。从 a_p 和 b_p 的表达式可以看出，随着 q 的增大，a_p 迅速增大，而 b_p 则迅速减小，b_p 减小意味着膜片形变中的三次非线性分量减小。因此，纹膜结构有助于增大平板膜片的线性形变区间。

假设所用膜片为硅膜，其泊松比为 0.2，杨氏模量为 3.2×10^{11}Pa，膜片半径为 1μm，膜片厚度为 1μm，波纹深度为 5μm。与图 4-18 所示不同的是，此时波纹结构布满膜片，即膜片中间无平膜结构。利用公式（4-3）进行仿真分析，结果如图 4-19 所示。可以发现，平膜结构随压力线性变化的区间要远小于纹膜结构的线性区间，当压力小于 48Pa 时，纹膜的机械灵敏度要小于平膜的机械灵敏度，当压力大于 48Pa 时，纹膜的机械灵敏度要大于平膜的机械灵敏度。

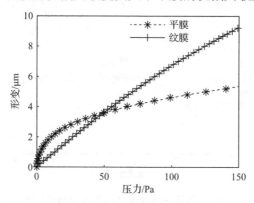

图 4-19　无初始应力的平膜和纹膜结构的压力-形变关系图

2）有初始应力的纹膜结构

当纹膜结构有较大的初始应力时，其形变可以视为一个无初始应力的纹膜结构线性模型和一个有初始应力的平膜结构线性模型的叠加。其中，得到的平膜结构和初始的纹膜结构有相同的径向和切向抗弯刚度。需要注意的是，由于纹膜结构释放了一部分应力，此时平膜结构受到的应力不同于初始应力，其变化量可以通过分析膜片的压力-形变曲线的三次项来进行估计。

而对无初始应力的纹膜结构而言，其形变公式（4-3）可以改写为[127]

$$P_0 = 4\frac{h}{a^2}u(0)\left(a_p\frac{Eh^2}{4R^2} + b_p\frac{E}{1-v^2}\frac{u^2(0)}{4a^2}\right) \tag{4-7}$$

将有初始应力的圆形平膜形变公式（3-54）改写为

$$\frac{b_p}{2.83}P_0 = 4\frac{h}{a^2}u(0)\left(\frac{b_p}{2.83}\sigma + b_p\frac{E}{(1-v^2)}\frac{u^2(0)}{4a^2}\right) \tag{4-8}$$

公式（4-8）中的三次项与公式（4-4）相同，但内应力减为原来的 $b_p/2.83$ 倍。结合这两个公式得到有初始应力的纹膜结构的形变表示式为

$$P_0 = 4\frac{h}{a^2}u(0)\left(\frac{b_p}{2.83}\sigma + a_p\frac{Eh^2}{4R^2} + b_p\frac{E}{1-v^2}\frac{u^2(0)}{4a^2}\right) \tag{4-9}$$

只考虑线性部分，有初始应力纹膜结构的机械灵敏度可以表示为

$$S = \frac{\mathrm{d}u(0)}{\mathrm{d}P_0} = \frac{a^2}{4h\left(\frac{b_p}{2.83}\sigma + a_pE\frac{h^2}{4a^2}\right)} \tag{4-10}$$

假设纹膜结构的初始应力分别为 0Pa、10^7Pa 和 10^8Pa，利用公式（4-10）仿真分析机械灵敏度与波纹深度 H 之间的关系，得到结果如图 4-20 所示。

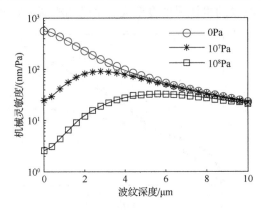

图 4-20　不同初始应力条件下的纹膜结构机械灵敏度同波纹深度间关系图

其中波纹深度为 0 表示平膜结构。从图 4-20 中可以发现，如果纹膜结构中无初始应力，则纹膜结构的机械灵敏度随着波纹深度的增大而逐渐降低，与图 4-19 结构分析结果一致；如果纹膜结构有初始应力，则其机械灵敏度先随着波纹深度的增大而提高，到达一定值后则开始缓慢下降，且初始应力越大，膜片的机械灵敏度增加越明显。这说明对有初始应力的薄膜结构来说，引入波纹结构可以有效降低内应力，提高其机械灵敏度。

以上讨论均为纹膜中间无平台的结构。但在有些应用场合中，需要在纹膜中间引入平台，对此情形的讨论要复杂得多。对于无初始应力的纹膜结构，当纹膜膜片中间引入平台后，文献[126]中给出了其小形变表达式：

$$P_0 = n_p a_p \frac{E}{1-v^2} \frac{h^3}{a^4} u(0) \qquad (4\text{-}11)$$

式中，

$$\frac{1}{n_p} = (1-r^4)\left(1 - \frac{8qr^4(q-r^{q-1})(q-r^{q-3})}{(q-1)(q-3)(1-r^{2q})}\right) \qquad (4\text{-}12)$$

其中，r 是平台半径与膜片半径之比。平台结构对高次非线性项的影响更为复杂。根据中国工程院刘人怀院士的研究，当平台半径小于膜片半径的 30%时，平台对纹膜性能的影响可忽略[186]。对中间存在平台并且有初始应力的纹膜结构，目前相关的理论研究报道较少。

4.3　声压敏感膜片加工技术研究

本节以图 4-21 所示的结构为基础，分别介绍金属平膜膜片和金属纹膜膜片的加工。利用固定在石英套筒上的银膜片作为声压敏感元件。石英套筒的内径为 2.5mm，单模光纤固定在外径为 2.5mm 的陶瓷插芯上，并研磨平整。光纤端面和银膜片组成 F-P 腔。

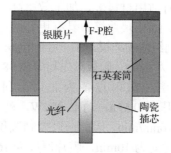

图 4-21　同轴型光纤声压传感器结构示意图

4.3.1　金属平膜膜片加工

1. 金属平膜膜片加工流程

本书作者设计了基于牺牲层的金属平膜膜片加工转移工艺，流程示意图如图 4-22 所示，其具体步骤为：

（1）利用 RCA 标准清洗工艺对硅片进行清洗，并旋涂一层正性光刻胶（RZJ-304）作为牺牲层。光刻胶的厚度大约为 1μm，如图 4-22（a）所示。

（2）利用真空磁控溅射技术，在光刻胶表面沉积一层银膜，如图 4-22（b）所示。

（3）在石英套筒端面涂覆一层厚度大约为 2μm 的环氧胶（353ND）后，将其贴合在银膜片表面，放置在 60℃的热烘板固化 2h，如图 4-22（c）所示。

（4）将固化后的结构放置在丙酮溶液中溶解正性光刻胶，如图 4-22（d）所示，得到悬空的银膜片，如图 4-22（e）所示。图 4-22（f）所示为加工得到的悬空银膜片的照片。

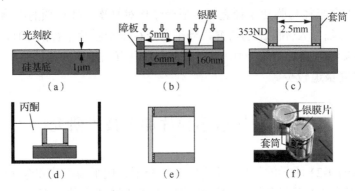

图 4-22   金属平膜膜片加工流程示意图

采用真空磁控溅射技术进行银膜片的加工，因为同电子束蒸发镀膜技术相比，真空磁控溅射技术不仅具有适用材料多、加工效率高、加工一致性好等优势，而且其对膜片的性能（厚度、晶格尺寸等）具有更好的可控性。溅射时在光刻胶表面放置一个由方形通孔阵列组成的障板，用于控制沉积银膜的形状。方孔的边长为 5mm，方孔阵列的周期长度为 6mm。障板事先利用 SU-8 100 光刻胶加工得到，厚度为 300μm。采用的直流磁控溅射设备为北京泰科诺科技有限公司生产的 JCPF-4000D，溅射参数为压强 0.5Pa，功率 800W，基底偏置电压为 0V，温度为室温。膜片的沉积速率是 16nm/min，因此通过控制沉积时间实现对薄膜厚度精确的控制。本次实验中沉积时间为 10min，膜片厚度为 160nm。

2. 金属平膜膜片加工结果分析

分别利用光学显微镜、共聚焦显微镜、扫描电镜、原子力显微镜对加工得到的膜片质量进行评价。除了上文采用的内径为 2.5mm 的石英套筒外，另外同时加工了直径为 0.8mm 的悬空银膜片。图 4-23（a1）、（b1）分别为利用光学显微镜得到的两个悬空银膜片照片，图 4-23（a2）、（b2）为利用共聚焦显微镜（Olympus, OLS 3000）测试得到的银膜片表面三维轮廓图。图 4-23（a3）为经过圆心处的银膜片轮廓线，可以发现银膜片的整体高度起伏不超过 14μm。图 4-23（b3）为利用扫描电镜（Zeiss, Sigma）测量得到的银膜片照片，银膜片结构致密。测量结果表明，加工得到的银膜片结构能够在较大面积上保持结构完整、表面平滑的特点。

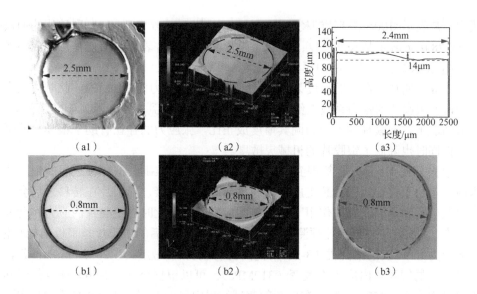

（a1）　　　　　　　　（a2）　　　　　　　　（a3）

（b1）　　　　　　　　（b2）　　　　　　　　（b3）

图 4-23　银膜片平膜加工结果测试

图 4-24 所示为利用原子力显微镜（Bruker，Icon）测试得到的银膜片表面粗糙度结果。图 4-24（a）为银膜片表面三维高度图，图 4-24（b）为 4-24（a）中虚线处的高度起伏。从图中可以看出，银膜片的表面粗糙度＜20nm，考虑到银膜片的厚度为 160nm 左右，可以认为银膜片中没有穿孔现象发生。

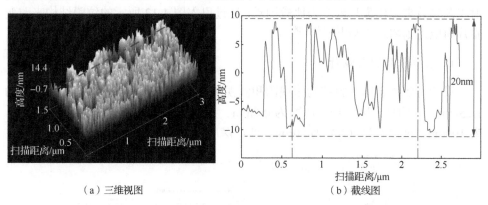

（a）三维视图　　　　　　　　　　　（b）截线图

图 4-24　银膜片表面粗糙度测试

在溅射银膜片时，同时放入一个 2in（1in = 2.54cm）<100>型硅片，测量有无银膜片时的硅片曲率变化，利用下面的 Stoney 公式计算银膜片的内应力[187]：

$$\sigma = \frac{E}{1-\upsilon} \cdot \frac{1}{6} \cdot \frac{t_s^2}{t_f} \cdot \frac{R_1 - R_2}{R_1 R_2} \tag{4-13}$$

式中，E 表示<100>型硅片的杨氏模量（1.3×10^{11}Pa）；υ 表示<100>型硅片的泊松比（0.28）；t_s 表示基底的厚度；t_f 表示膜片的厚度；R_1 表示溅射前基片的曲率半径；R_2 表示溅射后基片的曲率半径。

计算表明加工得到的厚度为 160nm 的银膜片张应力为 310MPa，此时直径为 2.5mm 的银膜片的张力系数大约为 1600，这说明加工得到的银膜片属于薄膜范畴。一般情况下，银膜片的内应力同其厚度成正比，张应力的存在有助于银膜片的平整，但同时也降低了银膜片的机械灵敏度。

根据公式（4-13）计算得到的银膜片内应力无法准确表征转移之后的银膜片内应力。由于银膜片同传感支座之间通过热固化胶连接，银膜片在转移之后会在自身张应力和热固化胶的作用下达到新的应力平衡，此时的银膜片内应力将会发生改变，从而使传感器性能预测变得复杂。若转移加工后的银膜片是平板结构（完全无应力），可以根据公式（3-51）计算得到其机械灵敏度为 1.2692mm/Pa；若转移加工后的银膜片内应力不改变（310MPa），可以根据公式（3-50）计算得到其机械灵敏度为 7.8755nm/Pa。在后续的测试结果中可以发现，这两个数值均与实际结果相差较大。

4.3.2 金属纹膜膜片加工

虽然可以通过增加溅射压力的方法降低应力，但很难完全消除膜片的内应力，而且从张应力转换为压应力的溅射工艺参数"转换窗口"非常窄[187]，通过控制溅射工艺参数来优化膜片内应力比较困难；通过引入图 4-12 所示的纹膜结构来改变膜片内应力则相对容易[127, 175, 188]。

1. 金属纹膜膜片设计

设计得到的金属纹膜结构俯视图和侧视图如图 4-25 所示。膜片半径（R_D）为 1.25mm，中间平台区半径（R_F）为 0.6mm。共有 6 个波纹结构，波纹周期（l_1）为 100μm，波纹宽度（l_2）为 50μm。波纹深度（h_d）可以通过曝光深度来控制。

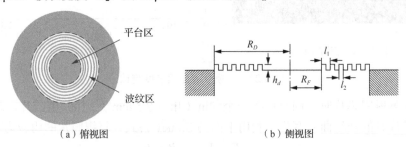

（a）俯视图　　　　　　　　　　　（b）侧视图

图 4-25　纹膜结构设计

2. 基于灰度曝光法的金属纹膜膜片加工

1) 加工流程

通过对前文所述平膜工艺进行简单的改进，可方便地对金属膜片结构进行图案化处理。将图 4-22 中步骤（1）修正为如图 4-26 所示的两步：

（1）采用黏度更高的正性光刻胶（RZJ-304 50）和更低的转速（1000r/min）涂覆更厚的光刻胶牺牲层。光刻胶厚度根据设计要求进行控制。

（2）利用设计好的掩模版对光刻胶进行不完全曝光显影，通过控制曝光时间控制光刻胶的曝光深度，从而将纹膜结构转移到光刻胶上。

剩下的步骤与图 4-22 中步骤相同。由于光刻胶在曝光显影时很难得到侧边完全陡直的线条，而本书使用的磁控镀膜设备工作方式为扫描式，容易在线条侧边沉积金属，因此可以保证膜片的完整性。

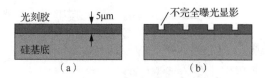

图 4-26　图案化金属膜片加工改进步骤

图 4-27 所示为利用该方法加工得到的图案化金属膜片结构的 SEM 测试结果，膜片的材料为银。图 4-27 中（a1）、（b1）、（c1）、（d1）所示为完整悬空膜片的照片，其中，前三个膜片的直径均为 1.25mm，第四个膜片的直径为 1.75mm。图 4-27（a2）、（b2）、（c2）、（d2）分别为四个膜片上的图案结构。其中，（a2）所示为周期 16μm、线宽 8μm 的光栅结构；（b2）所示为边长 20μm 的正八边形阵列；（c2）所示为直径 15μm 的圆孔阵列；（d2）所示为环形孔阵列。图案的深度均为 2.5μm 左右，膜片的厚度为大约 200nm。同传统基于 MEMS 刻蚀或者腐蚀工艺的图案化膜片加工技术相比，该方法有很高的设计灵活性和加工的方便性。

2) 加工结果

利用上述方法加工得到的金属银纹膜结构测试结果如图 4-28 所示。图 4-28（a）所示为贴合纹膜后的石英套筒，可以很明显地观察到平台区和波纹区。图 4-28（b）所示为释放后的纹膜光学显微镜照片，同上文加工得到的平膜结构相比，该方法加工得到的纹膜结构质量下降。主要表现为平台区中出现了较多的皱褶，平整性变差，膜片中出现较多颗粒状起伏。图 4-28（c）所示为利用台阶仪测试得到未释放的纹膜结构过圆心的截线图，测得波纹深度为 3μm。纹膜的平台区出现皱褶说明纹膜中的内应力已经减小，而出现皱褶的原因可能是光刻胶表面受到了灰尘污染，导致薄膜在沉积过程中出现局部应力集中。需要在后续的实验中持续改进纹膜的结构参数和加工条件，实现对纹膜平台区平整性的优化。

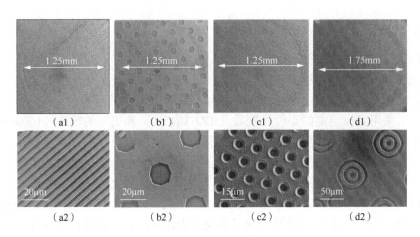

图 4-27　图案化金属膜片结构的 SEM 测试结果

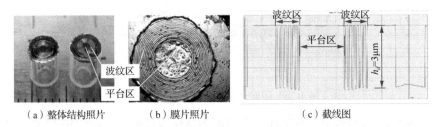

（a）整体结构照片　　　　（b）膜片照片　　　　（c）截线图

图 4-28　金属银纹膜结构测试结果

3. 基于硅模板的金属纹膜膜片加工

1）加工流程

利用灰度曝光法加工纹膜结构比较方便，易于改进参数，但光刻胶加工参数之间的微弱差异都有可能导致膜片的深度出现较大的差异。在得到较好的纹膜参数之后，往往需要进行批量加工。可以利用 MEMS 加工工艺将膜片结构"固定"在硅片上，从而保证膜片结构参数的一致性。加工流程图如图 4-29 所示。

具体的加工流程如下：

（1）对基底硅片表面进行清洗，并保证硅表面绝对干燥，这样有利于光刻胶的附着性。然后用旋涂的方法在硅基底上涂一层正性光刻胶（RZJ-304 50）。

（2）通过光刻曝光的方法将波纹结构转移到光刻胶上。由于是正性光刻胶，没有被掩模版遮挡的地方会被显影液去掉，从而使硅基底上的光刻胶形成波纹结构。

（3）利用反应离子刻蚀技术刻蚀硅基底，将波纹结构转移到硅基底上。光刻胶作为掩模，刻蚀气体将显影裸露出的硅基底向下刻蚀。图 4-30 是刻蚀后的硅模板实物图。

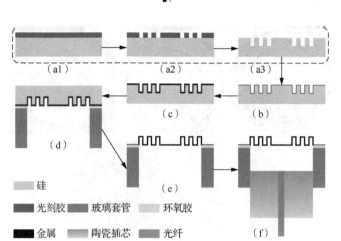

图 4-29　基于硅模板的金属纹膜膜片加工流程图

（4）将刻蚀之后的硅基底清洗干净，洗掉残留的掩模层。在具有波纹结构的硅基底上再次旋涂一层正性光刻胶（RZJ-304 50）。此处可以根据想要得到的波纹深度控制匀胶机转速，也可以保持匀胶机转速不变，得到相同深度的纹膜结构。

（5）利用磁控溅射技术在具有波纹结构的光刻胶上沉积一定厚度的金属薄膜。

（6）用固化胶将金属波纹薄膜贴合在通腔石英套筒的一个端面上。

（7）利用腐蚀液溶解光刻胶，得到贴合在石英套筒上的金属波纹薄膜。

（8）将带有平角陶瓷插芯的光纤从石英套筒的另一侧插入，调节好 F-P 腔的腔长，用固化胶固定封装，得到基于金属纹膜膜片的 MEMS 光纤声压传感器探头。

图 4-30　刻蚀后的硅模板实物图

2）加工结果

图 4-31 为通过控制旋涂参数所得的不同波纹深度的金属膜片实物图，实物图中的金属纹膜膜片已经贴合在石英套筒上，呈现悬空的状态。由实物图可知当波纹结构的深度越深，中间平面部位越难达到平整。波纹结构释放了膜片的初始应力导致中间平整部位失去平整性，这样会影响干涉信号的反射率。在后续的实验中，我们将会讨论波纹深度对传感器性能的影响。

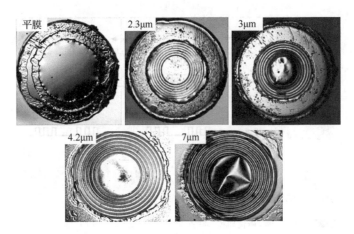

图 4-31　不同波纹深度的金属膜片实物图

4.3.3　PET 纹膜膜片加工

除了金属纹膜膜片之外，本书还探索 PET 纹膜膜片加工。PET 是一种热塑性材料，它重量轻、价格低廉、化学性质稳定，对于氧气、二氧化碳和水具有很好的低透性。因此，可以将 PET 用作 MEMS 光纤水听器的敏感膜片。设计整体褶皱状的 PET 纹膜如图 4-32 所示。

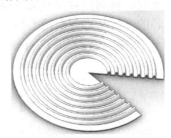

图 4-32　压印后的 PET 纹膜示意图

PET 纹膜膜片的加工不同于金属纹膜膜片的加工。一般得到的 PET 材料已经加工成膜，不能在合成新的 PET 过程中引入波纹结构。因此，我们采用热压纳米压印技术将波纹结构转移到 PET 膜片上。

纳米压印技术具有分辨率超高、产出率高、成本低的优势[189]。已经有课题组将微纳米结构转移到 PET 膜片上[190]，与本书不同的是他们将 PET 膜片与压印模板直接接触，得到的图案只在 PET 膜片的一侧表面上，如图 4-33 所示。本书所采用的是热压印胶与压印模板间接接触的方法，通过热压印胶的流体填充机理将波纹结构整体转移到 PET 膜片上。

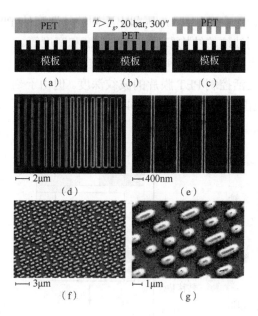

图 4-33 PET 纳米压印流程图和纳米结构实物图[190]

1bar=10^5Pa

PET 膜片在加工过程中不会产生初始应力，所以它属于平板模型。与金属纹膜的分析过程相似，由纹膜形变理论分析可知，对 MEMS 光纤声压传感器探头机械灵敏度和线性度影响最大的波纹结构参数是波纹深度，所以我们采用不同的热压印参数来灵活控制 PET 膜片的波纹深度。最后对其机械灵敏度和线性度进行分析。根据选用的负性光刻胶（AR4400-10）所设计的光刻掩模版如图 4-34 所示。该掩模版与正性光刻胶对应的掩模版的遮挡区域恰好互补。本书所设计波纹膜片直径为 4mm，波纹宽度为 100μm，波纹数量为 7。

图 4-34 纹膜光刻掩模版示意图

图 4-35 所示为 PET 纹膜的加工流程示意图。具体加工流程如下：

（1）对基底硅片表面进行清洗，并保证硅表面绝对干燥，然后利用旋涂的方法在硅基底上涂一层负性光刻胶。

（2）通过光刻曝光的方法将波纹结构转移到光刻胶上。

（3）利用反应离子刻蚀技术刻蚀硅基底，将波纹结构转移到硅基底上。

（4）将刻蚀过的硅基底进行清洗，洗掉残留的掩模层。所得到的硅模板即为压印模板，如图 4-36 所示。将 PET 膜片置于压印模板之上，然后在 PET 上面涂覆热压印胶。选择合适的热压印胶，使其在脱模的时候不与 PET 粘连。设定不同的压印条件（压力、温度、时间），压印出不同波纹深度的 PET 膜片，然后利用共焦显微镜测试得到波纹的结构参数，包括深度和宽度等。

这种工艺的优点是利用光刻和刻蚀的方法自制的压印模板可以反复利用，通过调节热压印参数灵活控制 PET 膜片的波纹深度。但由于刻蚀深度达不到几十微米，压印波纹深度范围也受到了限制。图 4-37 为压印脱模之后波纹深度为 13.01μm 的 PET 纹膜实物图。

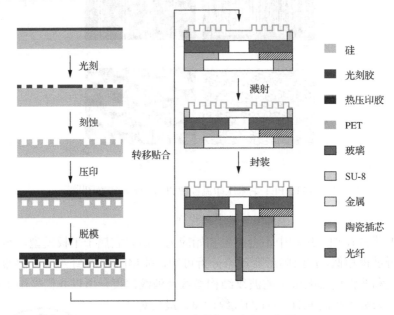

图 4-35　PET 纹膜的加工流程示意图

图 4-36　刻蚀后的硅模板实物图

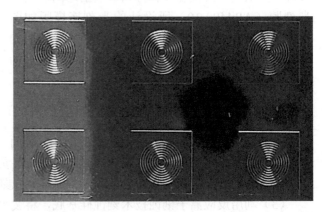

图 4-37　PET 纹膜实物图

利用共焦显微镜对加工得到的波纹形状进行测试，结果如图 4-38 所示。可以发现，波纹形状并不是初始设计的形状，而是变成弧形。前文已经指出，波纹的形状对膜片的性能影响不大[185]。

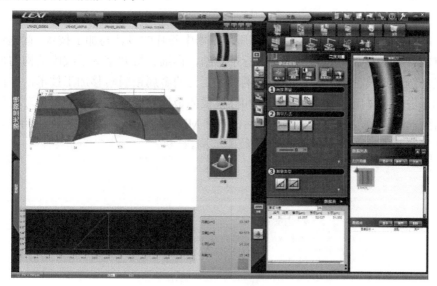

图 4-38　PET 纹膜共焦显微镜测试结果图

但是需要说明的是，PET 纹膜的压印结果与设计结构有较大的关系，当波纹宽度足够大时，可以近似得到矩形纹膜，如图 4-39 所示。

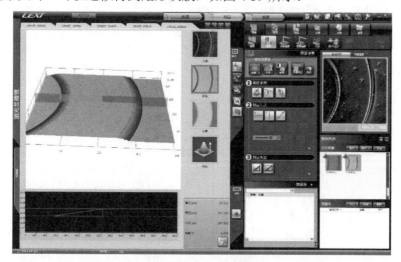

图 4-39　PET 矩形纹膜共焦显微镜测试结果图

4.4 本 章 小 结

本章重点介绍了 MEMS 光纤声压传感器中膜片的设计与加工技术。首先对膜片材料、加工及结构的研究现状进行了总结，详细分析并推导了纹膜结构的形变公式。然后介绍了基于正性光刻胶牺牲层工艺的金属银膜转移加工技术，并在此基础上进一步提出了基于灰度曝光和硅模板的金属纹膜结构加工技术，对转移加工得到的薄膜做了详细的测试。最后，针对 MEMS 光纤水听器中的应用情景，设计加工了基于纳米压印技术的 PET 纹膜结构。

5 MEMS 光纤声压传感器结构设计与加工

第 3 章从声学角度对 MEMS 光纤声压传感器的结构进行了分析，但只是笼统分析了腔体体积的影响。实际应用中，还需要从光学角度具体构建 F-P 腔结构，使得传感器同时具有良好的光学特性。此外，根据第 3 章的分析可知，应用环境不同，传感器的结构参数也不同。本章首先从整体上分析 F-P 腔结构的研究现状，然后从麦克风和水听器两个方向分别介绍作者所在课题组在 MEMS 光纤声压传感器方面的研究工作。

5.1 F-P 腔结构研究现状

5.1.1 同轴型结构

目前常见的 MEMS 光纤声压传感器结构中，其光纤轴线方向多与 F-P 腔方向一致，即光在 F-P 腔内的传播方向与在纤芯中的传播方向保持一致。该结构可以称为"同轴型"结构。前文所介绍的 MEMS 光纤声压传感器几乎全是这种结构，在此不再举例说明。

该型传感器具有结构简单、易于加工的优势，但在某些特定场合应用中具有局限性。在某些场合需要将传感器贴合在基底表面，同轴型结构传感器直接安装时其膜片方向将与基底垂直，易受到表面流体造成的动态压力影响，造成测量结果不准确。通过钻孔或者弯折光纤可以让膜片与基底平行，但钻孔破坏了基底的完整性，而弯曲导致弯折损耗，影响传感器的稳定性。

5.1.2 垂直轴型结构

在"偏轴型"或"垂直轴型"结构中，光在 F-P 腔内的传输方向与在光纤中相比偏振了 90°[191-197]，有助于实现传感器的表面贴合安装。

实现光线偏折的方法通常有两种。一是在 F-P 腔内引入 45° 的反射镜[191, 192]，其结构示意图如图 5-1（a）所示[191]，该结构为 1994 年美国加利福尼亚大学的 Chan 等利用 MEMS 工艺加工得到。先将<100>型硅片沿着相对于<110>方向研抛 9.7°，然后利用 KOH 湿法腐蚀工艺加工得到 45° 硅反射镜，加工难度较大。二是将光纤端面研抛成 45° 角，由于单模光纤纤芯的全反射角度为 43.53°，因此纤芯中的光束会在 45° 研抛端面发生全反射，从而实现光轴的偏折[195-198]，其结构示意图如图 5-1（b）所示。该结构为 2008 年美国马萨诸塞大学洛厄尔分校的 Wang 等加工得到，并被用于压力传感中[195]。美国马里兰大学的 Miao Yu 课题组[194, 196, 198]、南京师范大学的王铭课题组[197]等都从事过类似结构的研究，但目前主要都是用于压力传感，不适应于微弱声压信号检测。由于"垂直轴型"结构可以方便地实现表面贴合安装，更适于同光源、解调装置一起组成芯片级的集成光学传感与处理系统[196]。

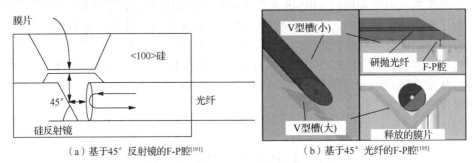

（a）基于45°反射镜的F-P腔[191]　　　　　（b）基于45°光纤的F-P腔[195]

图 5-1　垂直轴型 MEMS 光纤传感器

5.2　MEMS 光纤麦克风结构设计与加工

根据光纤轴线与 F-P 腔的关系，可以将 MEMS 光纤传感器分为"同轴型"和"垂直轴型"。"同轴型"中光纤轴线方向与 F-P 腔法线方向一致，"垂直轴型"中光纤轴线方向与 F-P 腔法线方向相垂直。根据 F-P 腔的腔长可以将传感器分为"短腔长型"和"长腔长型"。本书分别设计并加工了"短腔长同轴型""短腔长垂直轴型""长腔长同轴型"三种结构的光纤麦克风结构。由于受到光纤出射损耗的影响，目前多数 MEMS 光纤传感器的 F-P 腔腔长一般都在几百微米左右，属于"短腔长"范围。为了行文方便，将上述三种结构分别简称为"同轴型""垂直轴型""长腔长型"。

5.2.1　同轴型 MEMS 光纤麦克风结构设计与加工

利用图 5-2 所示装置完成本书作者所设计结构的制作加工。本书作者所设计的同轴型 MEMS 光纤麦克风的典型结构如图 4-21 所示，其膜片为平膜或纹膜结构。将利用标准连接器（standard connector, SC）陶瓷插芯封装好的研抛光纤插入已经贴合好银膜片的石英套筒内，平膜结构对应图 4-22（f）中结构，纹膜结构对应图 4-28（a）中结构。利用五轴精密位移台控制 F-P 腔腔长，利用光谱分析仪监测 F-P 腔的反射谱。当达到设计要求的 F-P 腔腔长时，利用双组分固化胶完成探头的封装。一般情况下，当干涉条纹的对比度为 1 时，解调结果具有最高的信噪比[52]。

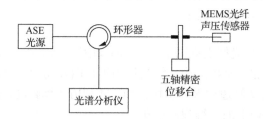

图 5-2　MEMS 光纤声压传感器封装装置示意图

加工得到基于平膜的同轴型 MEMS 光纤麦克风实物图及其 F-P 干涉谱分别如图 5-3（a）、（b）所示，将该传感器标记为 M-F-O-1，其银膜片厚度为 160nm。

加工得到基于纹膜的同轴型 MEMS 光纤麦克风实物图及其 F-P 干涉谱分别如图 5-4（a）、（b）所示，将该传感器标记为 M-C-O-1。与 M-F-O-1 不同，其银膜片厚度为 200nm。

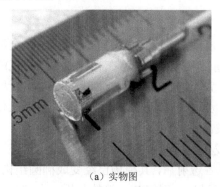

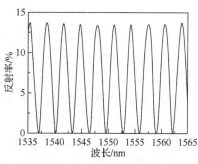

（a）实物图　　　　　　　　　　　（b）干涉谱测试结果

图 5-3　同轴型平膜 MEMS 光纤麦克风实物及干涉谱测试结果

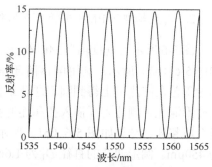

（a）实物图　　　　　　　　　　　（b）干涉谱测试结果

图 5-4　同轴型纹膜 MEMS 光纤麦克风实物及干涉谱测试结果

5.2.2 垂直轴型 MEMS 光纤麦克风结构设计与加工

1. 垂直轴型 MEMS 光纤麦克风结构设计

垂直轴型 MEMS 光纤麦克风结构示意图如图 5-5 所示。利用银膜片作为声压敏感结构，利用硅加工支撑结构。银膜片的半径由开孔的尺寸决定。将单模光纤端面研抛成 45° 后从侧边插入硅支撑结构，并利用环氧胶进行固化。为了平衡内外压差，在支撑结构上加工得到连通孔。

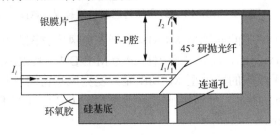

图 5-5　垂直轴型 MEMS 光纤麦克风结构示意图

由于 45° 大于光纤纤芯的布儒斯特角，因此入射到该截面的光可以发生全反射，由沿光纤轴向传输改为沿光纤径向传输。入射光（I_i）在光纤侧壁同空气的交界面处发生一次反射（I_1）；而透射光在空气腔内传输后在薄膜表面发生反射（I_2），并耦合进入光纤侧壁与 I_1 发生干涉。因此垂直轴型的 MEMS 光纤麦克风传感器的 F-P 腔由光纤侧壁和薄膜反射面组成。

需要说明的是，光沿光纤径向传输并发生发射或者透射的过程，相当于在一个柱面镜中进行。光在光纤侧壁发生反射或者透射后，其模场已经变成椭圆结构，具体的分析详见文献[198]，本书对此不进行讨论。根据 Bae 等的分析，光在光纤侧壁发生反射并耦合回光纤纤芯时，其有效的反射率只有大约 1.6%[198]。

2. 垂直轴型 MEMS 光纤麦克风结构加工

图 5-6 所示为垂直轴型 MEMS 光纤麦克风的加工流程。首先加工硅支撑结构。如图 5-6（a1）所示，利用电感耦合等离子体（induction coupling plasma, ICP）深刻蚀工艺在硅片 1 上得到圆形通孔结构，结合双面套刻工艺在硅片 2 上刻蚀得到圆柱形深孔、侧边光纤插入孔和连通孔结构。然后利用金硅键合工艺将两个硅片键合成整体，结果如图 5-6（b1）所示。硅片 1 的厚度为 350μm，硅片 2 的厚度为 450μm。圆形通孔的直径 D_1 为 1.6mm。光纤插入槽的宽度与深度均为 200μm，连通孔的直径为 150μm。图中（a2）、（b2）、（c）、（d）所示为银膜片的加工、转移与释放流程，与 4.3.1 节介绍的金属平膜加工方法相同。将 45° 光纤从侧边插

槽插入支撑基底内，利用六轴微位移平台控制光纤的插入深度及旋转角度，保证光纤端面的纤芯投影在银膜片的中心位置，并保证光纤端面的出射光轴垂直于银膜片。最后利用环氧胶固定光纤与支撑基底，完成传感器的封装。所用银膜片的厚度为 95nm。

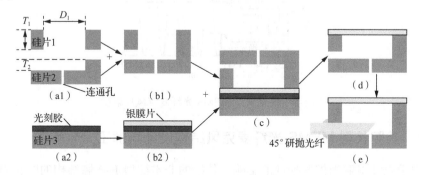

图 5-6　垂直轴型 MEMS 光纤麦克风加工流程示意图

图 5-7 所示分别为加工得到的银膜片的三维表面轮廓 [图 5-7 (a)]、红光照射下的 45°光纤照片 [图 5-7 (b)] 和封装得到的垂直轴型 MEMS 光纤麦克风实物图 [图 5-7 (c)]，对该样品编号为 M-F-C-1。从图 5-7 (a) 可以发现，加工得到的银膜片表面高度一致，平整性较好。在图 5-7 (b) 中可以清晰地看到经端面反射后从光纤侧壁出射的光斑以及沿着光纤端面传输的泄漏光，泄漏光的存在会进一步降低光纤侧边的有效反射率。图 5-7 (c) 说明传感器可以很方便地贴合在物体表面而无须对光纤进行弯曲或者对物体进行打孔。

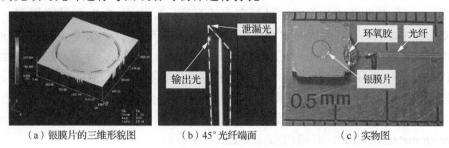

（a）银膜片的三维形貌图　　　（b）45°光纤端面　　　（c）实物图

图 5-7　加工得到的垂直轴型 MEMS 光纤麦克风

对加工得到的传感器（M-F-C-1）反射谱进行测试，结果如图 5-8 所示。其中，反射谱中黑色横线为直接切割所得的平角光纤的反射谱，其反射率大约为 2.6%；灰色横线为 45°研抛光纤的反射谱，其反射率大约为 1.1%；正弦线为 F-P 腔的反射谱信号。利用 $L = \lambda_1 \lambda_2 / [2(\lambda_1 - \lambda_2)]$ 计算可得，F-P 腔的腔长大约为 355.54μm，与设计值 350μm 吻合。计算得到银膜片的有效反射率为 1.2%。

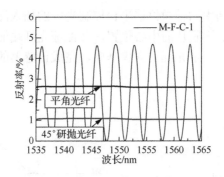

图 5-8　垂直轴型 MEMS 光纤麦克风反射谱

5.2.3　长腔长型 MEMS 光纤麦克风结构设计与加工

由于光纤出射光扩散损耗的影响，传统的非本征型 F-P 腔结构的腔长通常在微米量级。在后续的分析中可以发现，若要采用成熟的 PGC 等算法对其进行解调，需要激光器具有足够的频偏。这对激光器的性能提出了较高的要求。一种思路是在 F-P 腔内插入光纤结构用于减少光束的扩散损耗，从而增大 F-P 腔的腔长，降低对激光器的频偏要求。

1. 长腔长型 MEMS 光纤麦克风结构设计

根据 PGC-DCM 算法，相位调制深度 C 可以表示为[150]

$$C = 4\pi L_{OPD}\Delta v / c \tag{5-1}$$

式中，Δv 是激光器的频偏；c 是真空中的光速；L_{OPD} 是 F-P 腔的光程差。对 PGC-DCM 算法而言，最优的 C 值为 2.37[79, 199]。本书所用的激光器为掺铒光纤激光器（erbium-doped fiber laser, EDFL），其频偏 Δv 一般只有几十兆赫兹。因此可以计算得出对应的 L_{OPD} 需要数米。由于传输损耗的限制，传统的 MEMS 光纤传感器腔长一般为几十到数百微米。为了得到足够的光程差，在传统的 F-P 腔内引入一根长度为 6m 的光纤，得到长腔长 F-P 干涉仪（long cavity Fabry-Perot interferometer, LCFPI），其结构示意图如图 5-9 所示。

同样采用银膜片作为声压敏感元件，银膜片贴合在 SC 陶瓷套筒的端面上。平角光纤和银膜片之间组成了 F-P 腔。为了消除端面反射对干涉谱造成的影响，将插入光纤的两个端面分别研抛成 8°角。插入光纤的一端和平角光纤固定在内径为 125μm 的毛细管中，另一端固定在商用 SC 陶瓷插芯中，并插入陶瓷套筒中用环氧胶固定。F-P 腔的光程差可以表示为

$$L_{OPD} = n\times(L_1 + L_3) + n_{core}\times L_2 \tag{5-2}$$

式中，n 和 n_{core} 分别是空气的折射率和光纤纤芯的折射率；L_1、L_2、L_3 分别是平

面光纤和插入光纤之间的距离、插入光纤的长度、插入光纤与银膜片之间的距离。

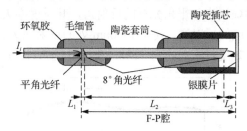

图 5-9　长腔长 F-P 干涉仪结构示意图

2. 长腔长型 MEMS 光纤麦克风加工

长腔长型 MEMS 光纤麦克风的加工流程示意图如图 5-10 所示。其中，图 5-10（a1）～（a4）为前文所述的银膜片转移加工流程。与图 5-3 和图 5-4 的不同之处在于这里我们利用陶瓷套筒作为银膜片的支撑元件，其好处是可以保证插入光纤同银膜片的垂直度。在准备银膜片的同时，将平角光纤和插入光纤固定到内径为 125μm 的毛细管中，并利用环氧胶进行固定，控制光纤间的距离 L_1 尽可能小 [图 5-10（b）]。然后将插入光纤的另一端插入陶瓷套筒中，形成 F-P 腔结构 [图 5-10（c）]。同前文相同，通过对 F-P 腔反射谱的监测来控制光纤端面和银膜片之间的距离。图 5-10（d）是平角光纤和插入光纤结合处的照片，图 5-10（e）是加工得到的传感探头的照片。本探头中所用银膜片的厚度为 95nm。

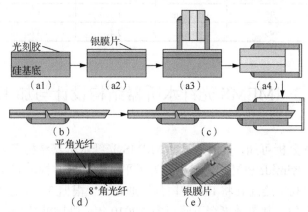

图 5-10　长腔长型 MEMS 光纤麦克风加工流程示意图

图 5-11 所示为加工得到的长腔长型 MEMS 光纤麦克风（编号 M-F-L-1）的反射谱。其中，下面的虚线表示平角光纤的反射谱，其反射率大约为 2.4%；实线为加工得到的光纤麦克风的反射谱，其在 1550nm 处的反射率大约为 6.0%。因此可以计算得出银膜片的有效反射率大约为 3.6%，干涉条纹的对比度大约为 0.98。

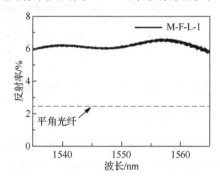

图 5-11　长腔长型 MEMS 光纤麦克风反射谱

最后，加工得到的 MEMS 光纤麦克风的光学参数分析统计如表 5-1 所示。

表 5-1　MEMS 光纤麦克风光学参数

编号	银膜片厚度/nm	腔长	R_1/%	R_2/%	条纹对比度
M-F-O-1	160	381.88μm	3.59	3.01	0.99
M-C-O-1	200	305.47μm	3.36	3.98	0.99
M-F-C-1	95	355.54μm	1.1	1.2	0.99
M-F-L-1	95	6m	2.4	3.6	0.98

5.3　MEMS 光纤水听器结构设计与加工

根据第 4 章分析可知，目前常见的 MEMS 光纤水听器结构多采用硅、石英或者聚酰亚胺（polyimide,PI）膜为材料。为了平衡静水压结构，需要在 F-P 腔结构中填充液体，并利用连通孔将 F-P 腔内外连通起来。根据 3.3 节分析可知，当 F-P 腔内部填充水之后，其灵敏度会下降很多。2010 年，韩国浦项科技大学的 Lee 等用空气作为背腔的填充物质，提高了 MEMS 微型压电水听器的灵敏度[38-40]。本书分别研究利用 PET 膜片和银膜片作为声压敏感膜片，以构成 MEMS 光纤水听器；并同样用空气作为 F-P 腔的填充物质，以提高水听器的灵敏度。

5.3.1 MEMS 光纤水听器研究现状

2003 年，日本东北大学的 Asanuma 等报道一种 MEMS 光纤水听器用于地理学研究[200]，其结构示意图如图 5-12 所示。该传感器由硅平板和增强型玻璃通过腐蚀和键合加工得到，然后安装在一个直径 9mm、高度 13mm 的金属保护盒内。水听器的内部填充水，并通过硅平板上的细槽实现水听器内外静压力的平衡。该水听器在 4～200Hz 内有相对一致的频响特性，其灵敏度大约为-192dB re 1V/μPa，动态范围超过 53dB。

图 5-12 基于硅膜片的水听器[200]

2011 年，斯坦福大学的 Olav Solgaard 等模仿鲸鱼的听觉器官，利用平板光子晶体加工得到 MEMS 光纤水听器结构。测试结果表明，该水听器在 100Hz～8kHz 范围内具有相对一致的频响特性，灵敏度大约为 0.03Pa^{-1}，在 1～30kHz 范围内的平均最小可探测声压约为 33μPa/Hz$^{1/2}$。其后，他们对该结构不断进行改进[201]。

2013 年中国科学院半导体研究所的 Wang 等利用镀铝的聚酰亚胺膜作为敏感元件加工 MEMS 光纤水听器，膜片固定在丙烯腈-丁二烯-苯乙烯（acrylonitrile butadiene styrene, ABS）套筒上[202]。为了进行静压平衡，在套筒内部加工两个微通道用来将 F-P 腔和外界环境连通。在 20cm 和 50cm 水中进行的实验结果表明，该水听器在不同的静水压下具有较高的稳定性，同时在 30～3000Hz 范围内具有 -158±3dB re 1 V/μPa 的平滑频率响应。

有机物膜片同样可以作为水听器的声压敏感膜片。图 5-13 所示为 2000 年英国伦敦大学的 Beard 等提出的光纤水听器结构[204]，该结构光纤端面涂覆一层厚度 25μm 的聚对二甲苯（parylene）材料构成低精细度 F-P 腔，通过检测膜片厚度的变化实现对声压信号的检测。该水听器在 10kHz～25MHz 范围内具有相对一致的频响特性，其灵敏度大约为 0.075rad/MPa。

2016 年，马里兰大学的 Miao Yu 课题组利用 PDMS 作为材料加工得到类似的结构[133]。这种结构虽然可以获得较宽的频响范围，但灵敏度较低，一般只适用于超声检测，且膜片初始厚度会受到工作深度静水压的影响，灵敏度和工作点也会发生变化，需要专门的解调技术进行解调[133]。

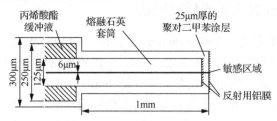

图 5-13　基于聚对二甲苯膜的 F-P 光纤水听器[204]

总体而言，截至目前，针对 MEMS 光纤水听器的研究较少。但是，MEMS 光纤水听器的优势特征还是非常吸引研究人员注意的。特别是其潜在的抗净水压能力，使得其有希望被应用于深远海探测领域[205]。

5.3.2　MEMS 光纤水听器结构设计及加工步骤

1. 结构设计

1）平膜结构设计

图 5-14 所示为 MEMS 光纤水听器结构示意图。图 5-14（a）为水听器的三维视图，图 5-14（b）为半剖视图。所涉及的水听器结构从上到下依次为声压敏感膜片、利用 SU-8 加工制作的支撑层、利用石英玻璃加工制作的支撑层、利用硅片加工制作的支撑层、LC 陶瓷插芯和单模光纤。其中，声压敏感膜片的面积由 SU-8 支撑层的圆形通孔面积决定。各支撑层厚度及各主要结构尺寸已在图中标出，不再一一叙述。为了平衡 F-P 腔内外压差，在硅支撑层上加工得到微流路结构作为连通孔，结构示意图如图 5-15 所示。在微流路结构中，由于空气-水界面处的表面张力作用远大于水的重力作用，所以进入微流路内的水不会通过自由流动的方式进入 F-P 腔内[39]。图 5-15（a）、（b）、（c）分别为硅支撑层的俯视图、仰视图及三维视图。

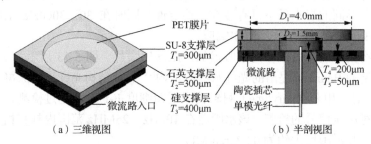

（a）三维视图　　　　　　　　　　　（b）半剖视图

图 5-14　MEMS 光纤水听器结构示意图

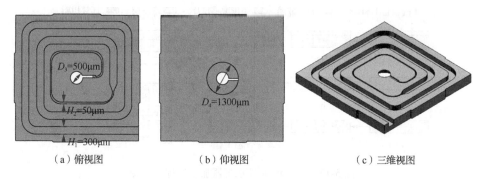

（a）俯视图　　　　　（b）仰视图　　　　　（c）三维视图

图 5-15　带有微流路的硅支撑结构示意图

2）纹膜结构设计

图 5-16 是基于 PET 纹膜的 MEMS 光纤水听器探头结构示意图。其结构同图 5-14 中所示结构一致，不同点在于由原来的平膜结构换成了纹膜结构。

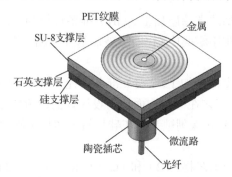

图 5-16　基于 PET 纹膜的 MEMS 光纤水听器探头结构示意图

3）腔体结构设计

只要微流路内的气体没有被静水压压至 F-P 腔内，F-P 腔内就始终是空气腔状态。假设水听器入水之前的压力为 P_1（通常为一个标准大气压），所承受静水压为 P_2，微流路部分的初始体积为 V_1，F-P 腔的体积为 V_2，则根据理想气体压缩方程可知，水听器可以承受的最大静水压满足

$$P_2 = P_1 V_1 / V_2 \tag{5-3}$$

2. 加工步骤

根据设计得到的水听器结构，设计如图 5-17 所示的加工流程。为了行文的流畅性，省略了一些具体的加工工艺。

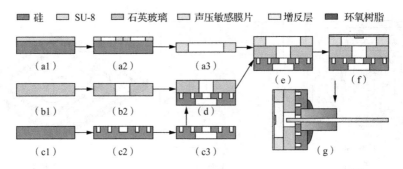

■ 硅   □ SU-8   □ 石英玻璃   □ 声压敏感膜片   □ 增反层   ■ 环氧树脂

图 5-17   MEMS 光纤水听器加工流程示意图

（1）基于 SU-8 的支撑层加工。（a1）在硅片表面旋涂一层厚度为 200μm 的 SU-8 光刻胶，并进行前烘固化；（a2）利用设计加工好的掩模版对 SU-8 胶进行曝光、后烘、显影、硬烘；（a3）利用 KOH 溶液腐蚀硅片，释放得到的 SU-8 支撑层。

（2）基于石英玻璃的支撑层加工。（b1）准备直径为 4in 的石英玻璃基片，厚度为 300μm；（b2）利用磨砂工艺在石英玻璃基片中加工得到直径为 500μm 的圆形通孔。

（3）基于硅片的支撑层加工。（c1）准备直径为 4in、厚度为 400μm 的硅片；（c2）利用 ICP 深刻蚀工艺在硅片一面加工设计好的微流路结构，深度为 200μm；（c3）利用双面对准及 ICP 深刻蚀工艺在硅片另一面加工陶瓷插芯固定圆孔，深度为 350μm。

（4）利用阳极键合工艺将（b2）和（c3）中得到的结构封装成整体，得到（d）中所示的结构。

（5）利用双组分环氧树脂（353 ND）将（a3）与（d）中结构封装在一起，得到（e）中所示结构。

（6）同样利用 353 ND 在（e）中结构的上表面贴合一层声压敏感膜片，在有些情形中，需要在膜片中间镀上增反层来增加膜片对入射光的反射率。

（7）插入固定陶瓷插芯后，将插入端面研抛成平角的单模光纤，封装得到水听器探头结构。

此时加工得到的水听器结构腔内依旧是空气。若要进一步在 F-P 腔内填充水，可以将探头放置于盛有一定量水的烧杯内，并放置于真空皿中；利用真空泵缓慢抽取真空，直到水中基本无气泡。但填充水之后的探头最好一直保存在水中，防止水分蒸发过程中表面张力造成声压敏感膜片损坏。

5.3.3　MEMS 光纤水听器加工结果

1. 基于银膜片的微型光纤水听器加工结果

利用 4.3.1 节中提出的基于牺牲层工艺的金属银膜片加工方法,可以实现基于银膜片的微型光纤水听器加工。但是在实验中发现,当加工得到的银膜片面积较大时,其在入水出水的过程中极易发生破裂。将所设计结构进行调整,结果如图 5-18 所示,去掉 SU-8 支撑层,将石英支撑层上的通孔直径降至 $800\mu m$,将银膜片直接转移贴合在石英支撑层上,此时 F-P 腔的体积为 $0.15mm^3$,加工得到的微型光纤水听器实物图如图 5-19 所示。

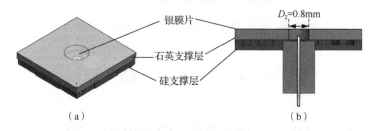

图 5-18　基于银膜片的微型光纤水听器结构示意图

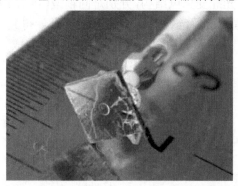

图 5-19　基于银膜片的微型光纤水听器实物图

2. 基于 PET 膜片的微型光纤水听器加工结果

虽然银膜片作为声压敏感元件具有很多优势,但其在水声测量中容易破裂限制了其用途。PET 膜片具有良好的稳定性,并且同硅、氮化硅、石墨烯等材料相比,其加工制作成本非常低。已有课题组利用 PET 膜片加工得到灵敏度较高的次声波传感器[165]。利用 5.3.2 小节中的加工步骤,得到基于 PET 膜片的微型光纤水听器实物如图 5-20 所示。其中,采用的 PET 膜片厚度为 $15\mu m$,膜片中间的圆形亮斑为利用磁控溅射加工得到的用于增反的银层,厚度为 200nm。银在溅射过程中会引入内应力，导致 PET 膜片内会产生一定的内应力。但由于银层的尺寸相对较小，其对 PET 膜片内应力的影响有限。

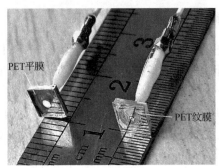

图 5-20　基于 PET 膜片的微型光纤水听器实物图

5.4　本 章 小 结

本章介绍了 MEMS 光纤声压传感器中 F-P 腔的分类，并利用加工得到的金属膜片分别加工了四种光纤麦克风结构，分别是同轴型（包括平膜结构和纹膜结构）、垂直轴型和长腔长型。最后，针对水听器应用，设计得到了基于空气腔结构的 MEMS 光纤水听器，并分别利用金属膜片和 PET 膜片完成了水听器加工。

6 MEMS 光纤声压传感器性能测试

本章对前文加工得到的声压传感器性能进行测试。首先介绍光纤声压传感器解调原理及设备；然后分别介绍空气声和水声性能测试原理及装置；最后对所加工得到的微型光纤声压传感器（包括麦克风和水听器）的声学性能进行详细的测试分析。

6.1 声学实验测试原理、系统及方法简介

6.1.1 光纤声压传感器信号解调系统

2.3 节中已经介绍了 MEMS 微型光纤声压传感器的信号解调原理及分类。本章将根据第 5 章实际加工得到的光纤声压传感器样品及实验室现有设备，分别搭建强度解调系统和相位解调系统用于信号解调。

1. 强度解调系统

本书分别利用 C 波段宽带 ASE 激光器和窄线宽 DFB 激光器搭建强度解调系统，示意图分别如图 6-1（a）、（b）所示。

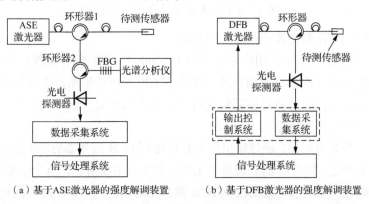

（a）基于ASE激光器的强度解调装置　　（b）基于DFB激光器的强度解调装置

图 6-1　光纤传感器强度解调系统示意图

1）基于 ASE 激光器的强度解调系统

如图 6-1（a）所示，ASE 激光器出射光经环形器 1 后入射待测传感器，其反射光经环形器 2 后入射窄带 FBG 进行滤波。利用光谱分析仪直接监测 FBG 的透射光，将光电探测器接收 FBG 的反射光作为测量信号。最后利用数据采集系统接收光电探测器的输出信号后送入信号处理系统进行处理。

实验中所采用的 ASE 激光器（天津俊峰科技有限公司）光谱覆盖范围为1547.1～1566.7nm，其相干长度约 60μm；所采用的 FBG 中心波长为 1550nm，3dB带宽为 0.2nm，反射率大于 95%。

该方案的优势在于可以利用光谱分析仪直接监测待测传感器的反射谱和工作点位置，并通过控制 FBG 的工作温度调节其中心波长，从而实现正交工作点的稳定。但由于光谱分析仪体积较大、温度调节速率较慢等条件限制，该方案只适于实验室环境中测试使用。图 6-2（a）所示为实验装置用主要实物图，图 6-2（b）所示为检测得到的 FBG 透射光谱，其中可以清楚地观察到工作点位置。

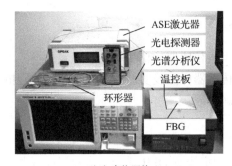 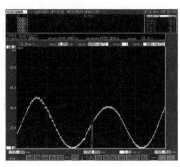

（a）实物照片　　　　　　　　　　（b）实测 FBG 透射光谱

图 6-2　基于 ASE 激光器的强度解调系统

2）基于 DFB 激光器的强度解调系统

如图 6-1（b）所示，采用中心波长为 1550nm 的可调谐 DFB 激光器作为光源，搭建了工作点自校准强度解调系统。激光器出射光经环形器后入射待测传感器，利用光电探测器接收待测传感器的反射光，经数据采集系统采集信号后利用信号处理系统进行信号处理。

根据信号处理结果，通过输出控制系统控制 DFB 激光器的输出波长，从而实现工作点的稳定。所设计的解调系统工作流程如图 6-3 所示，当上电系统启动后：①进行初始化扫描操作，逐渐改变 DFB 激光器的输出波长，同时监测记录返回光信号在一段时间内的平均值，得到输出波长与返回光信号强度（可用光电探测器输出电压表示）的对应关系；②根据扫描结果，检测得到反射光信号在一个 FSR

内最大值处对应的波长（λ_1）与最小值处的波长（λ_2），得到最优工作点（对于双光束干涉，$\lambda_0 = (\lambda_1 + \lambda_2)/2$）及对应的反射光信号强度，并设置最优工作点的波长为输出波长；③对解调得到的结果进行数据处理，并将结果进行输出；④同时监测反射光信号强度变化，与最优工作点处的反射光信号强度进行比较，得到偏差结果；⑤当偏差结果大于设定值时，重新设定输出光波长，使得系统的工作点重新回到正交工作点。

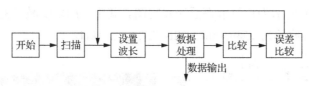

图 6-3 自校准解调系统工作流程

图 6-4（a）为基于 DFB 激光器的强度解调系统实物图。本书采用在天津俊峰科技有限公司定制的 DFB 激光器（型号 TLS-DFB-15-10-2-S，中心波长 1551.0nm，线宽 10MHz）作为光源，该光源内部集成了数字自动温控和精密自动功率控制电路，具有高波长稳定性、高光功率稳定的特点。通过控制输入电压（范围 0～5V）可实现对温度的自动调节，从而实现对输出波长的调整（范围 1551.0nm±1nm）。本书采用比例积分微分（proportional integral differential,PID）算法实现对控制电压的自调节。图 6-4（b）所示为初始化结果，横坐标为 DFB 激光器的输入控制电压，纵坐标为光电探测器输出电压。可以发现扫描结果体现出正弦特性。

需要说明的是，由于所用 DFB 激光器的输出波长调制范围只有 2nm，因此所加工的 F-P 腔的自由谱范围应不大于 4nm。

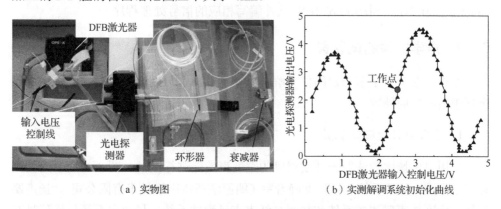

图 6-4 基于 DFB 激光器的强度解调系统

2. 相位解调系统

图 6-5（a）所示为采用 EDFL 激光器作为光源搭建的相位解调系统。利用信号发生器对激光器的出射光相位进行调制，调制光经环形器后入射待测传感器，利用光电探测器接收 FBG 的反射光，经数据采集系统采集后进行信号处理。本实验采用传统 PGC-DCM 算法进行信号处理。

图 6-5（b）所示为相位解调系统实物图。其中，EDFL 激光器为国防科技大学研制，其中心波长为 1549.1nm，3dB 线宽小于 1kHz。

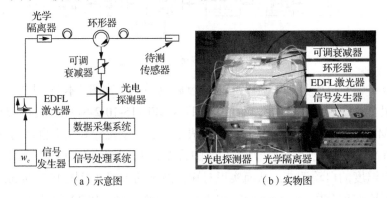

（a）示意图　　　　　　　　（b）实物图

图 6-5　基于 EDFL 激光器的相位解调系统

三个解调系统中采用的光电探测器均为 New Focus 公司生产的 Model 2053，其参数设置根据具体实验不同而不同；采用研华公司生产的 PCI-1706U 作为数据采集系统和输出控制系统，采集速率统一设置为 96kHz，采样点数统一设置为 48000；采用 NI 公司的 LabVIEW 软件编写相应的信号处理程序。

6.1.2　声学实验测试装置

本小节在上一小节搭建的信号解调系统基础上，分别介绍空气声和水声性能测试中所需要的装置。

1. 空气声性能测试装置

采用自由场比较法对光纤麦克风的空气声性能进行测试，图 6-6 所示为测试装置示意图。测试系统包括标准静音室（朗德法斯特声学技术有限公司）、扬声器系统、标准传声器测试系统和待测光纤麦克风测试系统。扬声器系统包括信号发生器、功率放大器和扬声器。标准传声器测试系统包括标准传声器、电荷放大器和对应的数据采集系统。图 6-6 中虚线框内为光纤麦克风解调系统，本书以基于

ASE 激光器+FBG 的强度解调系统为例进行说明。标准传声器和待测麦克风可共用一个数据采集和信号处理系统。为保证两个传感器接收到的声场相同，需要将待测麦克风同标准传声器放置于扬声器的声线两侧对称位置。测试过程中，为了有效屏蔽外界噪声的干扰，将扬声器和待测麦克风及标准传声器放置于标准静音室内，将剩余设备放置于隔壁的房间中。

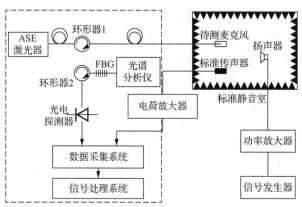

图 6-6　光纤麦克风测试装置示意图

图 6-7 为测试系统主要装置实物图。本实验在北京航天计量测试技术研究所进行。图 6-7（a）为标准静音室中的整体测试系统，图 6-7（b）为（a）中传声器放大图。系统整体包括标准静音室（朗德法斯特声学技术有限公司）、扬声器、标准传声器（型号 4180，B&K 公司）、电荷放大器（型号 2690，B&K 公司）。所采用标准传声器系统校准后的整体灵敏度为 0 dB re 1 V/Pa。

（a）整体装置测试系统　　　　（b）传声器放大图

图 6-7　光纤麦克风测试装置实物图

2. 水声性能测试装置

由于作者更关心微型光纤水听器的低频性能，参考国标《声学　水听器低频校准方法》（GB/T 4130—2017）中的相关规定，采用振动液柱法进行微型光纤水听器的低频性能测试。采用的测试装置为驻波管水声测试系统，其原理框图如图 6-8 所示。测试系统由声驻波管、振动台、信号发生器、标准水听器、测量放大器、滤波器、功率放大器、示波器等组成。声驻波管为内径小于波长的顶端开口的刚性圆筒状容器，圆筒内盛装一定高度的液体（本实验中为水）。整个声驻波管由做正弦振动的振动台驱动，并在管内产生稳定声场。将标准水听器和待测水听器固定在支架上，并垂直地悬挂于驻波管中液柱的中心轴线上。利用标准水听器测量声驻波管内的声压值作为参考值，通过比较得出待测水听器的灵敏度。图 6-8 中虚线框内为光纤声压传感器解调系统，本书采用 6.1.1 小节中所介绍的基于 DFB 激光器的强度解调系统。测试过程中，光电探测器的放大倍数设置为 3×10^3 倍，频响范围设置为 DC~100kHz。

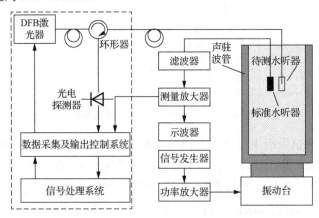

图 6-8　光纤水听器测试装置原理图

图 6-9 所示为测试系统主要装置实物图。本实验在哈尔滨工程大学水声工程学院进行。图 6-9（a）所示为声驻波管系统，包括振动台（TV 51110，TIRA 公司）、声驻波管（定制）、水听器及支架。图 6-9（b）为（a）虚线圆内水听器装置的放大图，分别是标准水听器和光纤水听器。可以发现，待测光纤水听器的尺寸要小于标准水听器的尺寸。图 6-9（c）所示为测量时采用的主要设备，包括功率放大器（BAA 120，TIRA 公司）、测量放大器（2636，B&K 公司）、带通滤波器（1617，B&K 公司）和示波器。所采用标准水听器灵敏度为-210dB re 1 V/Pa。测试过程中利用测量放大器将标准水听器的输出信号放大 50dB 后分别送至示波器显示和光纤解调系统接收，并使测试声学频率内的声压值保持一致。

图 6-9　光纤水听器测试装置实物图

6.1.3　光纤声压传感器测量参数简介

为了行文的简练及连贯性，在此先介绍光纤声压传感器的待测性能及测试方法。参考国标《声学　标准水听器》（GB/T 4128—1995）中给定性能参数，并考虑到实验条件及时间限制，本书主要研究的光纤声压传感器的性能指标为光纤声压传感器的灵敏度［级］、频率响应、最小可探测声压及动态范围，并分别进行介绍。

需要说明的是，由于加工得到的光纤声压传感器尺寸小于待测声波波长，理论上会得到各向同性的频响特性[206]，因此本书不对其指向性进行分析。

1. 灵敏度［级］和频率响应

作为光纤声压传感器的重要参数之一，光纤声压传感器的灵敏度表达方式有很多种，主要包括电压灵敏度、相位灵敏度等。

目前发表的文献多采用电压灵敏度表示光纤声压传感器的灵敏度，其定义为光纤声压传感器输出端的开路电压与声场中引入传感器前存在于传感器声中心位置处的自由场声压的比值，单位为 V/Pa[207]。但与传统的电容式麦克风或者压电传感器直接输出电压值不同，光纤声压传感器在声压作用下的直接变化量为光学量，然后再利用光电探测器将光学量转化为电压值进行处理。因此，利用电压值表征光纤声压传感器的灵敏度时，将光电探测器的转换增益、光源输出光强甚至光路传输损耗等都考虑进去了，并不能准确地表征光纤声压传感器自身的灵敏度。

相位灵敏度定义为由声信号引起的光纤声压传感器干涉信号中的相位变化

$\Delta\phi$ 与在声场中引入传感器前存在于水听器声中心位置处的自由场声压的比值，单位为 rad/Pa[207]。该定义可以准确反映光纤声压传感器对声信号的响应能力，具有明确的物理意义，故用其作为光纤声压传感器灵敏度的表征值。

出于光纤解调系统直接输出的灵敏度指标为电压灵敏度，因此需要将其转化为相位灵敏度。以强度解调为例，根据公式（3-1）所给出的 MEMS 光纤声压传感器的工作原理，其电压灵敏度可表示为

$$M_V = \frac{\mathrm{d}V_{\text{out}}}{\mathrm{d}P_{\text{in}}} = \frac{\mathrm{d}V_{\text{out}}}{\mathrm{d}I_r}\frac{\mathrm{d}I_r}{\mathrm{d}L_{\text{cav}}}\frac{\mathrm{d}L_{\text{cav}}}{\mathrm{d}P_{\text{in}}} \tag{6-1}$$

式中，$\mathrm{d}P_{\text{in}}$ 表示入射声压变化（Pa）；$\mathrm{d}L_{\text{cav}}$ 表示 F-P 腔腔长在入射声压作用下的变化（nm）；$\mathrm{d}I_r$ 表示 F-P 腔腔长变化引起的反射光功率变化（W）；$\mathrm{d}V_{\text{out}}$ 表示反射光功率变化引起的光电探测器输出电压变化（V）。

对于双光束干涉，根据其反射谱表达式（2-28）可得

$$\frac{\mathrm{d}I_r}{\mathrm{d}L_{\text{cav}}} = \frac{8\pi n_m}{\lambda} \times \sqrt{R_1 R_2} \times \sin\left(\frac{4\pi n_m L_{\text{cav}}}{\lambda}\right) \times I_i \tag{6-2}$$

当波长位于正交工作点时，$\sin(4\pi n_m L_{\text{cav}} / \lambda) = 1$，且有 $I_i = I_r / (R_1 + R_2)$，则上式可化为

$$\frac{\mathrm{d}I_r}{\mathrm{d}L_{\text{cav}}} = \frac{8\pi n_m}{\lambda} \times \frac{\sqrt{R_1 R_2}}{R_1 + R_2} \times I_r \tag{6-3}$$

而光电探测器的输出电压表达式为 $V_{\text{out}} = I_r \times \mathscr{R} \times G$，式中 $\mathscr{R}$ 表示光电探测器响应度，G 表示光电探测器的总增益，可得

$$\frac{\mathrm{d}V_{\text{out}}}{\mathrm{d}L_{\text{cav}}} = \frac{\mathrm{d}V_{\text{out}}}{\mathrm{d}I_r}\frac{\mathrm{d}I_r}{\mathrm{d}L_{\text{cav}}} = \frac{8\pi n_m}{\lambda}\frac{\sqrt{R_1 R_2}}{R_1 + R_2} I_r \mathscr{R} G = \frac{8\pi n_m}{\lambda}\frac{\sqrt{R_1 R_2}}{R_1 + R_2} V_{\text{out}} \tag{6-4}$$

最后根据 F-P 干涉仪的相位表达式 $\phi = 4\pi n_m L_{\text{cav}} / \lambda$ 得到相位灵敏度 M_ϕ 与电压灵敏度 M_V 之间的关系表达式为

$$M_\phi = \frac{\mathrm{d}\phi}{\mathrm{d}P_{\text{in}}} = \frac{4\pi n_m}{\lambda}\frac{\mathrm{d}L_{\text{cav}}}{\mathrm{d}P_{\text{in}}} = \frac{R_1 + R_2}{2\sqrt{R_1 R_2}}\frac{M_V}{V_{\text{out}}} \tag{6-5}$$

因此可以通过上式对光纤声压传感器的电压灵敏度 M_V 与相位灵敏度 M_ϕ 进行相互转换。

相位灵敏度级定义为相位灵敏度与其基准值之比值的以 10 为底的对数乘以 20，单位为 dB[207]：

$$M = 20\lg(M_\phi / M_r) \tag{6-6}$$

基准值为 $M_r = 1\mathrm{rad} / \mu\mathrm{Pa}$。

光纤声压传感器的频率响应为传感器在不同频率的声压信号条件下的灵敏度值。实际测量中，通常将入射声压固定在一个常数，改变声压的频率进行测量。

若未加额外说明，本书均采用《声学测量中的常用频率》（GB/T 3240—1982）中规定的 1/3 倍频程中的频率点作为测试频率。

2. 最小可探测声压［级］

最小可探测声压（minimum-detectable pressure,MDP），或称噪声等效声压，其含义为输出信噪比为 1 时的输入声压值，其表征了传感器检测微弱声信号的能力，计算表达式为[13]

$$P_{MDP} = U/M_V \qquad (6-7)$$

式中，P_{MDP} 为光纤声压传感器的最小可探测声压（Pa/Hz$^{1/2}$）；U 为测量得到的光纤声压传感器有效噪声谱（V/Hz$^{1/2}$）；M_V 为测量得到的光纤声压传感器电压灵敏度（V/Pa）。

同相位灵敏度级定义类似，最小可探测声压级的定义为 P_{MDP} 与其基准值之比的以 10 为底的对数乘以 20，单位为 dB：

$$M_D = 20 \lg(P_{MDP}/P_r) \qquad (6-8)$$

当在空气中时，基准值为 $P_r = 20 \mu Pa / Hz^{1/2}$；而在水中时，基准值为 $P_r = 1 \mu Pa / Hz^{1/2}$。下文中提到 P_{MDP} 时，也可以直接表示最小可探测声压级。

理论上测量光纤声压传感器的有效噪声谱时应将其置于真空中，并进行隔振处理，以避免外界噪声对测试结果的影响。实际测量中，由于有些传感器探头不能进行抽真空操作，加之实验条件限制，无法按照该方法进行。将探头置入如图 6-7 或图 6-9 所示的实验装置内后，关闭声源，此时测量得到的光纤声压传感器的输出噪声谱即认为是有效噪声谱，并可用于计算 P_{MDP}[13]。

根据光纤声压传感器的工作原理，其总体噪声主要有两个来源，分别为：①敏感元件自身的热噪声+外界环境噪声，其整体表现都是敏感元件的振动；②光电检测单元自身的光电噪声。为了将这两者进行区分，当完成传感器总体噪声谱测试后，将传感探头换成标准光纤反射镜，此时传感系统的输出噪声谱即为系统的光电噪声谱。为了避免输入光电探测器的光功率变化对光电噪声谱的影响，需要在光电探测器前插入可调衰减器，保证光电探测器在两次测试时的输入光功率相等。

3. 动态范围

动态范围表示光纤声压传感器的输出信号同输入声压之间呈线性关系的区间。该区间的最小值由 P_{MDP} 决定，其最大值则由非线性引起的输出信号中的总谐波失真（total harmonic distortion, THD）决定，计算表达式为[13, 14]

$$THD = \sum_{k=2}^{\infty} P_k \bigg/ P_f \qquad (6-9)$$

式中，P_k 表示 k 次谐波分量的功率；P_f 表示基频分量的功率。

实验测试中，通过求解输出信号的功率谱密度（power spectrum density, PSD）来计算谐波失真，功率谱密度采用对数方式表示。当谐波失真小于-30dB 时，传感器的输出响应可视为线性的。失真度为-30dB 时输入声压为传感器的最大可测声压记为 P_{THD}。

传感器的动态范围由 P_{MDP} 和 P_{THD} 决定。

6.2 MEMS 光纤麦克风声学性能测试

将加工得到的 MEMS 光纤麦克风置于图 6-7 所示的实验装置中，对其性能进行测试。

6.2.1 同轴型平膜 MEMS 光纤麦克风声学性能测试结果

利用图 6-1（a）中所示的强度解调系统对加工得到的样品（编号 M-F-O-1）的声学性能进行测试，测试时光电探测器的增益设置为 $G=3\times10^4$。

1. 频响特性测试结果

设置入射声压频率范围从 150Hz 逐渐变化到 10kHz，测试得到待测传感器的频率响应特性曲线如图6-10所示。图中右侧纵坐标为实际测试得到的电压灵敏度，左侧纵坐标为对数表示的归一化后得到的相位灵敏度。可以发现，在 0.2～2.8kHz 具有相对一致的频响特性，其相位灵敏度约为-132.7dB re 1 rad/μPa，对应的传感器的整体机械灵敏度为 28.57nm/Pa。在 4kHz 附近出现了一个相对明显的共振峰。传感器在 150Hz 处的灵敏度小于在 200Hz 处的值，这是因为此时所用的声源无法发出稳定的 150Hz 信号，导致测试结果误差较大，而在更低频段的性能也无法进行有效测试。

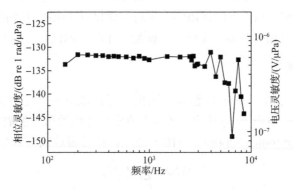

图 6-10   M-F-O-1 频响特性测试结果

2．系统噪声及 P_{MDP} 测试

测试得到样品的光电噪声和总体噪声谱如图 6-11（a）所示。可以看出，样品的总体噪声略高于系统自身的光电噪声。这说明探头在测试过程中受到了环境噪声的影响。利用公式（6-7）计算得到该样品的 P_{MDP}，如图 6-11（b）所示。可以发现，在 0.2~2.8kHz 范围内，传感器的最小可探测声压基本都在 $100\mu Pa/Hz^{1/2}$ 的水平上，在 1kHz 处的最小可探测声压值为 $102.2\mu Pa/Hz^{1/2}$（或 14.17dB re 20 $\mu Pa/Hz^{1/2}$）。

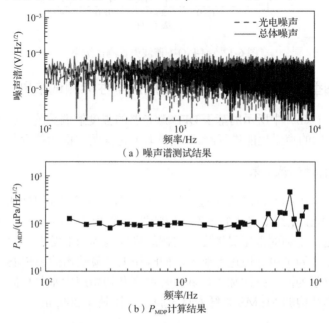

（a）噪声谱测试结果

（b）P_{MDP} 计算结果

图 6-11　M-F-O-1 测试结果

3．动态范围测试

设定入射声压频率为 1kHz，幅值为 117mPa（73.57dB-SPL），测试得到的传感器的 PSD 如图 6-12 所示。可以发现，在 1kHz 处的信号强度为-28.15dB，在 2kHz和 3kHz 处的谐波分量强度分别是-74.82dB 和-74.01dB，此时的噪声水平大约为-85dB，计算得到此时的失真度为-35.68dB，小于-30dB，可以认为此时传感器的输出响应与输入声压保持线性关系，则该传感器在 1kHz 的动态范围至少为59.40dB（73.57dB-14.17dB）。测试结果中三次谐波分量要大于二次谐波分量，这说明所用的声源中存在固有的三次谐波失真。

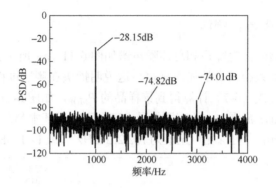

图 6-12　M-F-O-1 谐波失真测试结果

6.2.2　同轴型纹膜 MEMS 光纤麦克风声学性能测试结果

利用图 6-1（b）中所示的基于 DFB 激光器的强度解调系统对加工得到的样品（编号 M-C-O-1）的声学性能进行测试，测试时光电探测器的增益设置为 $G=3\times10^3$。

1.　频响特性测试结果

设置入射声压频率范围从 63Hz 以 1/3 倍频程逐渐变化到 10kHz，测试得到纹膜结构的 MEMS 光纤麦克风的频率响应特性曲线如图 6-13 所示。图中右侧纵坐标均为实际测试得到的电压灵敏度，左侧纵坐标为利用对数表示的归一化后得到的相位灵敏度。为了更好地进行对比，同时加工平膜结构的 MEMS 光纤麦克风，所用膜片与纹膜为同一批次加工，其膜片厚度及初始应力水平相同，封装时 F-P 腔腔长与纹膜结构的 MEMS 光纤麦克风腔长均控制在 300μm。

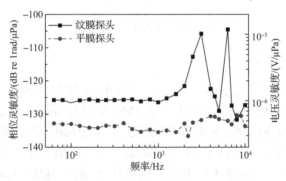

图 6-13　M-C-O-1 频响特性测试结果

待测纹膜结构 MEMS 光纤麦克风在 63Hz 至 1kHz 范围内具有相对一致的频响特性，相位灵敏度大约为-127.5dB re 1 rad/μPa，对应的整体机械灵敏度大约为 52nm/Pa。该传感器的第一个共振峰出现在 3kHz 附近，第二个共振峰出现在 6kHz

附近。与之相对应的平膜结构传感器在 63Hz 至 3kHz 范围内具有相对一致的频响特性，相位灵敏度大约为-133.5 dB re 1 rad/μPa，对应的传感器的整体机械灵敏度大约为 26.13nm/Pa。该传感器的第一个共振峰出现在 4kHz 与 4.5kHz 之间，第二个共振峰出现在 8kHz 与 9kHz 之间，但共振峰并不明显。

纹膜结构传感器相对于平膜结构传感器的整体机械灵敏度提升了约 1 倍，而对应的两个共振频率则同时降低。根据 3.3.4 小节仿真分析可知，传感器的整体机械灵敏度会随着膜片内应力的减小而提高，而其共振频率则会随之降低，与实验结果符合。结果表明纹膜结构的引入减小了膜片自身的内应力。

2. 系统噪声及 P_{MDP} 分析

测试得到传感器的噪声谱如图 6-14（a）所示。从图中可以看出，待测传感器的总体噪声高于系统自身的光电噪声。这说明探头在测试过程中受到了环境噪声的影响，且增加的幅度明显高于图 6-11 中的幅度，这是因为传感器越灵敏，越容易受到环境噪声的影响。

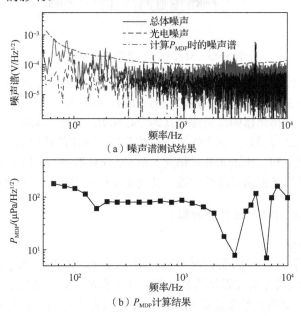

（a）噪声谱测试结果

（b）P_{MDP} 计算结果

图 6-14　M-C-O-1 测试结果

图 6-14（a）中的点划线为计算 P_{MDP} 时所采用的噪声谱值。计算得到待测传感器的 P_{MDP} 如图 6-14（b）所示。对纹膜结构传感器而言，在低于 125Hz 范围内，P_{MDP} 的值迅速从不到 200μPa/Hz$^{1/2}$ 下降至约 60μPa/Hz$^{1/2}$。在 150Hz~1kHz 范围内 P_{MDP} 保持相对平整的趋势，在 1kHz 后则再次降低，并在 3.15kHz 处取得最小值，

约为 7.98μPa/Hz$^{1/2}$。在 1kHz 处的 P_{MDP} 值大约为 86.97μPa/Hz$^{1/2}$（或 12.77dB- SPL）。对比 M-F-O-1 的测试结果，该值并没有下降很多，这是因为测试得到的纹膜结构传感器噪声谱值也明显增大。如果可以隔离外界噪声，则传感器的 P_{MDP} 可以进一步降低。

3. 动态范围

图 6-15 为同轴型纹膜声压传感器在 1kHz、152.88mPa（77.65dB-SPL）的声压作用下输出信号的功率谱密度图。

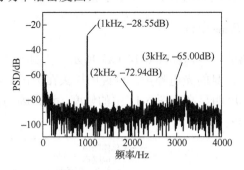

图 6-15　M-C-O-1 谐波失真测试结果

可以发现，传感器在 1kHz 处的信号强度为-28.55dB，在 2kHz 处谐波分量幅值为-72.94dB，在 3kHz 处的谐波分量为-65.00dB，噪声水平大约为-85dB。虽然可以计算得到此时待测传感器的总谐波失真为-24.39dB，大于-30dB。但从图 6-15 中可以看出，三次谐波分量已经远大于二次谐波分量，声源的输出结果失真严重。若将三次谐波分量降至与二次谐波分量相同的水平，计算得到的总谐波失真为-32.33dB，可以认为输出结果依旧满足线性关系，其动态范围可以计算为 64.88dB。

4. 纹膜深度对传感器性能的影响

1）频响特性

4.2.2 小节中讨论了不同波纹深度对膜片灵敏度的影响。为了验证该结论，利用图 4-31 中不同深度的纹膜结构加工得到 5 个传感器，并测试其性能。为了消除 F-P 腔腔体不同对测试结果造成的影响，封装过程中尽量保证传感器的干涉谱一致。加工得到的传感器的参数如表 6-1 所示。其中，波纹深度为 0 表示该膜片为平膜结构。

测试得到的各传感器的频响特性如图 6-16 所示。其中，平膜结构在 80～1000Hz 范围内有相对一致的频响特性，相位灵敏度大约为-131.62dB re 1 rad/μPa，对应的机械灵敏度为 32.39nm/Pa。以波纹深度为 2.3μm 为例分析波纹结构的影响，其在 80～1000Hz 范围内同样具有相对一致的频响特性，相位灵敏度约为

−123.42 dB re 1 rad/μPa，对应的机械灵敏度为 83.24 nm/Pa。实验结果表明，引入波纹结构使 MEMS 光纤声压传感器的机械灵敏度有所提高。不同传感器在 1kHz 处的灵敏度值如图 6-17 所示。可以发现随着波纹深度的增加，传感器的灵敏度先提高后降低，其变化趋势同图 4-20 中仿真的结果一致。图 6-17 中的虚线为初始应力为 5MPa 的纹膜结构的归一化灵敏度曲线。

表 6-1 基于金属膜片式的 MEMS 光纤声压传感器参数

波纹深度/μm	薄膜厚度/nm	腔长 L/μm	R_1/%	R_2/%
0		682.62	3.8373	0.6607
2.3		650.35	3.0501	0.197
3	210	621.26	3.7761	0.2773
4.2		670.42	3.9393	0.1286
7		642.67	3.7659	0.3492

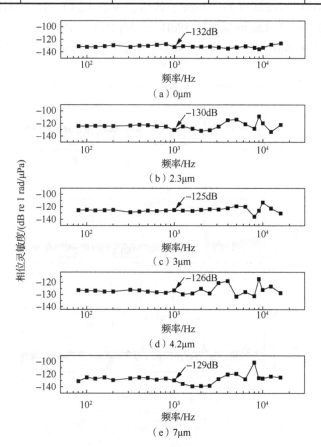

图 6-16 不同波纹深度的金属膜片式 MEMS 光纤声压传感器频响特性曲线

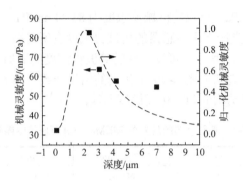

图 6-17　不同波纹深度传感器的机械灵敏度变化曲线

2）P_{MDP} 及动态范围

此处不再单独给出各个传感器的噪声谱分析。图 6-18 为各传感器的谐波失真测试结果。同样以波纹深度为 2.3μm 的传感器（图 4-31）为例，其噪声水平约为 −95dB，在 1kHz、134.88mPa（76.58dB re 20μPa）声压作用下，总谐波失真为 −39.94dB，小于−30dB，此时传感器的响应为线性的。其余各个传感器的入射声压见表 6-2。

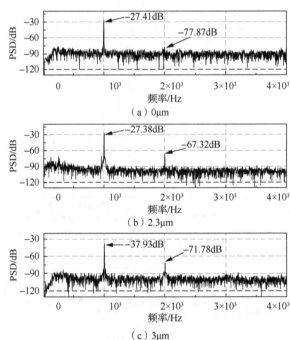

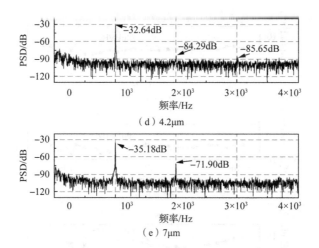

（d）4.2μm

（e）7μm

图 6-18 不同波纹深度的 MEMS 光纤麦克风谐波失真测试结果

表 6-2 不同波纹深度的 MEMS 光纤麦克风测试结果

波纹深度/μm	机械灵敏度/(nm/Pa)	P_{MDP}/dB	P_{THD}/dB	总谐波失真/dB	动态范围/dB
0	32.39	21.4	78.26	−50.46	56.86
2.3	82.65	9.17	76.58	−39.94	67.41
3	63.7	11.86	75.01	−33.85	63.15
4.2	57.85	12.02	76.66	−42.3	64.64
7	54.84	17.99	76.64	−36.72	58.65

计算得到各传感器的最小可探测声压谱如图 6-19 所示，1kHz 处的最小可探测声压见图 6-20。从图 6-20 中可以发现，随着波纹深度的增大，P_{MDP} 先减小再增大，其变化趋势与机械灵敏度相反。

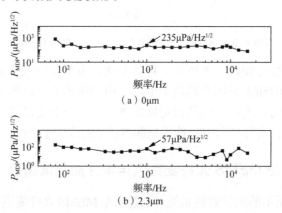

（a）0μm

（b）2.3μm

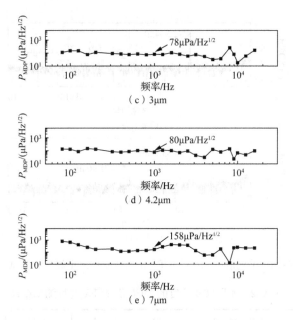

图 6-19　不同波纹深度的金属膜片式 MEMS 光纤声压传感器的 P_{MDP} 计算结果

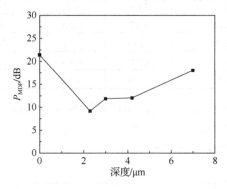

图 6-20　不同波纹深度传感器的 P_{MDP} 的变化曲线

各传感器的性能如表 6-2 所示。可以发现，由于最小可探测声压的降低，纹膜结构的传感器的动态范围普遍高于平膜结构的传感器。说明波纹结构的引入对传感器的性能有明显改善。但是也可以发现，存在一个最优的纹膜深度，此时改善的效果最明显。实际应用时，应根据膜片的初始条件仔细设计。

6.2.3　长腔长型 MEMS 光纤麦克风声学性能测试结果

利用图 6-5 所示的相位解调系统对长腔长型 MEMS 光纤麦克风（编号 M-F-L-1）的声学性能进行测试，测试过程中光电探测器的增益设为 $G=3\times10^3$。

1. 时域解调结果

图 6-21 所示为 2kHz 声信号的解调结果，解调得到的信号平滑，但峰值并不稳定。进一步的研究表明，时域解调结果受到偏振衰落现象的影响。这一点与短腔长型 MEMS 光纤麦克风不同。这是因为光在 F-P 内的插入光纤中传输时偏振态发生了变化。可以采用中空光子晶体光纤或保偏光纤作为插入光纤来控制光的偏振态，或者可在解调端采用偏振分集接收的方法降低偏振衰落的影响。

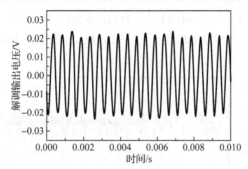

图 6-21　2kHz 条件下入射声压信号解调结果

2. 频响特性测试结果

长腔长型 MEMS 光纤麦克风的频响测试结果如图 6-22 所示。入射声压频率范围为 0.35~4.8kHz。右侧纵坐标表示系统直接测试得到的电压灵敏度，左侧纵坐标表示转换后的相位灵敏度。测试结果表明，在 350~600Hz 频段范围内，传感器的灵敏度相对一致，但在 600Hz~2.8kHz 范围内，传感器的灵敏度迅速提高，在 2.8kHz 处取得最大值后则迅速下降。根据 3.3.5 小节的内容可知，这是所采用的 SC 陶瓷套筒侧边存在狭缝的缘故，若采用全密封的探头结构，则传感器的频响特性会变得平整许多。在 2kHz 处的相位灵敏度大约为 10^{-7} rad/μPa（或 -140dB re 1 rad/μPa，12.33nm/Pa）。

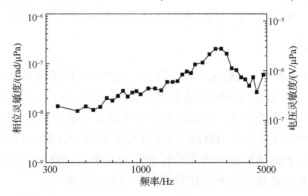

图 6-22　长腔长型 MEMS 光纤麦克风 M-F-L-1 的频响特性

3. 系统噪声及最小可探测声压分析

测量得到传感器噪声谱如图 6-23（a）所示。可以发现，系统总体噪声比解调系统的光电噪声高了近两个数量级。这是因为对 PGC 解调系统而言，其相位噪声与光程差成正比[10]。待测传感器在测试区间内的噪声水平可以近似看成白噪声，其统一取值如图 6-23（a）中点划线所示，其幅值大约为 $8 \times 10^{-4} \text{V/Hz}^{1/2}$。计算得到传感器的最小可探测声压结果如图 6-23（b）所示。在 350～600Hz 范围内，P_{MDP} 的值大约为 450μPa/Hz$^{1/2}$；在 600Hz～2.8kHz 范围内 P_{MDP} 迅速减小，并在 2.8kHz 处 P_{MDP} 取得最小值，约为 30μPa/Hz$^{1/2}$。在 2kHz 处的 P_{MDP} 值大约为 60.6μPa/Hz$^{1/2}$（或 9.6dB-SPL）。

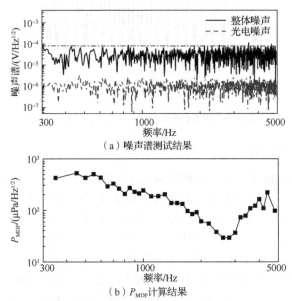

（a）噪声谱测试结果

（b）P_{MDP} 计算结果

图 6-23　长腔长型 MEMS 光纤麦克风 M-F-L-1 测试结果

4. 动态范围

设定入射声压频率为 2kHz，幅值为 109.5mPa（74.7dB-SPL），测试得到的长腔长型 MEMS 光纤麦克风的输出功率谱密度图如图 6-24 所示。可以发现，在 4kHz 处没有明显的二次谐波分量，可以认为此时传感器的输出响应与输入声压保持线性关系，则该传感器系统在 2kHz 的动态范围至少为 65.1dB（74.7dB-9.6dB）。需要说明的是，由于解调系统中设置的低通滤波频率为 5kHz，小于三次谐波分量（6kHz），因此无法通过谐波失真计算得到准确的动态范围。

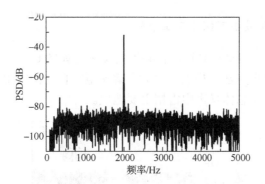

图 6-24 长腔长型 MEMS 光纤麦克风 M-F-L-1 输出功率谱密度图

6.2.4 垂直轴型 MEMS 光纤麦克风声学性能测试结果

利用图 6-1（a）中所示的强度解调系统对加工得到的样品（编号 M-F-C-1）的声学性能进行测试，测试时光电探测器的增益设置为 $G=3×10^4$。

1. 频响特性测试结果

设置入射声压频率范围从 100Hz 逐渐变化到 10kHz，测试得到待测传感器的频率响应特性曲线如图 6-25 所示。测试得到在正交工作点处入射到光电探测器的反射光功率为 I_R=38.23nW；利用公式（6-4）计算可得解调系统的位移-电压灵敏度为 5.82mV/nm。图中右侧纵坐标为实际测试得到的电压灵敏度，左侧纵坐标为对数表示的转化后得到的相位灵敏度。从图 6-25 中可以发现，在 1kHz 至 6kHz 的频率范围内，传感器的相位灵敏度缓慢从-129.42dB re 1 rad/μPa（或 41.70nm/Pa）增加到-126.50dB re 1 rad/μPa（或 58.36nm/Pa）。而在 100Hz 至 1kHz 的频率范围内，传感器的相位灵敏度迅速增加。传感器的频响在 7kHz 附近出现一个共振峰。该待测传感器的整体频响特性与 3.3.5 小节中分析得到带连通腔的传感器探头的频响探头相似。

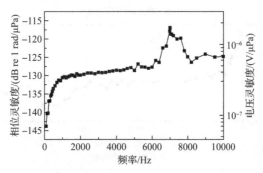

图 6-25 垂直轴型 MEMS 光纤麦克风 M-F-C-1 频响测试结果

2. 系统噪声及最小可探测声压分析

关闭传感器后，测试得到待测传感器的噪声谱如图 6-26 所示。可以发现，总体噪声同光电系统噪声水平相当，远大于解调电路自身的暗电流噪声。这说明该传感器的光电噪声在总体噪声中占据主要地位。

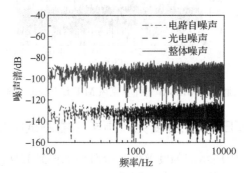

图 6-26　垂直轴型 MEMS 光纤麦克风 M-F-C-1 噪声谱测试结果

图 6-27（a）所示为总体噪声谱的线性表示。可以发现，待测传感器在测试区间内的噪声水平呈现 $1/f$ 噪声的特性，频率越低，噪声水平越高。而在频率高于 1kHz 之后，噪声水平整体趋于平稳。这说明传感器的噪声主要由解调系统的光电噪声决定，与前文分析相同。图中虚线为计算 P_{MDP} 时所采用的噪声谱值。

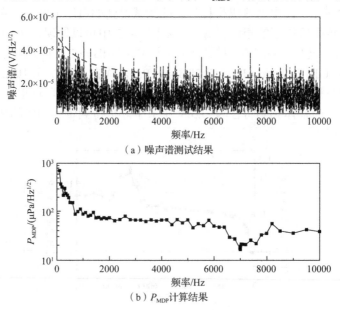

（a）噪声谱测试结果

（b）P_{MDP} 计算结果

图 6-27　垂直轴型 MEMS 光纤麦克风 M-F-C-1 测试结果

计算得到传感器的最小可探测声压（P_{MDP}）结果如图 6-27（b）所示。在 100Hz～
1kHz 范围内，P_{MDP} 的值迅速从 1000μPa/Hz$^{1/2}$ 下降至约 100μPa/Hz$^{1/2}$。在 1～6kHz
范围内，P_{MDP} 保持缓慢下降的趋势。在大于 6kHz 后又一次迅速下降，并在 7kHz
处 P_{MDP} 取得最小值约 20μPa/Hz$^{1/2}$。在 3kHz 处的 P_{MDP} 值大约为 67μPa/Hz$^{1/2}$（或
10.50dB-SPL）。

3. 动态范围

设置入射声压为 3kHz，幅值为 224.2mPa（80.99dB-SPL），测试得到传感器
信号的 PSD 如图 6-28 所示。从图中可以发现，传感器的基底噪声大约为−83dB，
在 3kHz 处的信号强度为−21.05dB，在 6kHz 和 9kHz 处的谐波分量幅值分别为
−70.30dB 和−68.19dB。因此可以计算得到此时待测传感器的总谐波失真为
−34.33dB，小于−30dB。可以认为此时待测传感器的输出结果是线性的。结合上节
计算得到 3kHz 处的 P_{MDP}，可以计算得到待测传感器在频率 3kHz 下的动态范围
是 70.49dB。

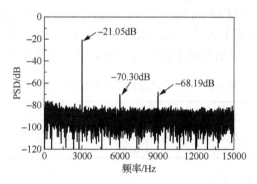

图 6-28　垂直轴型 MEMS 光纤麦克风 M-F-C-1 谐波失真测试结果

6.3　MEMS 光纤水听器声学性能测试

6.3.1　水腔 PET 平膜 MEMS 光纤水听器声学性能测试结果

传统的微型光纤水听器为了抗静水压，通常在 F-P 腔内填充水。本书先分析
所加工的微型光纤水听器在此情形下的声学性能。

1. 反射谱测试

在加工得到的基于 PET 平膜的微型光纤水听器中选出一个样品，标记为
P-S-1，在测试其在空气中的反射谱及频响特性之后，对其进行填充水处理。图 6-29
所示为样品 P-S-1 在充水前后的反射谱变化。

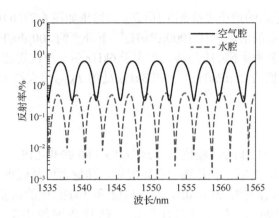

图 6-29　F-P 腔充水前后的反射光谱曲线

由于数值变化较大，本书中用对数形式给出相关结果。处理得到的充水前后的 F-P 腔性能如表 6-3 所示。可以发现，F-P 腔充水后反射谱的条纹变密，对应于 F-P 腔的光学腔长从 345.54μm 增加到 462.50μm，是原来的 1.338 倍，与纯水的折射率 1.333 相当，说明 F-P 腔内已填满水。而 F-P 腔的反射率降低了很多，这是由于原来的玻璃-空气界面变成了玻璃-水界面，光纤端面的反射率降低。

表 6-3　不同介质条件下 F-P 腔的光学参数

类型	光学腔长 $L/\mu m$	$R_1/\%$	$R_2/\%$	条纹对比度
空气腔	345.54	2.249	0.879	0.899
水腔	462.50	0.167	0.116	0.983

2.　频响特性测试

实验中发现，当 F-P 腔内填充水之后，其灵敏度下降非常明显。图 6-30 所示为输入声压为 100Hz 时标准水听器和待测水听器 P-S-1 的时域信号。此时标准水听器测试得到的声压值约为 25Pa，而待测水听器的输出信号则相对弱了许多。

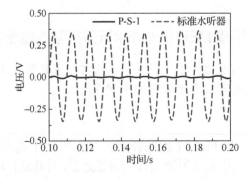

图 6-30　MEMS 光纤水听器 P-S-1 输出时域结果

测试得到的待测水听器 P-S-1 的频响特性如图 6-31 所示。其在 20～100Hz 频段范围内的水声相位灵敏度稳定在约-195dB re 1 rad/Pa（或 0.02nm/Pa），在 125～800Hz 范围内有一定起伏，在 250Hz 处出现一个峰值，为-175dB re 1 rad/μPa（或 0.22nm/Pa）。作为对比，图中同时给出了该探头在填充水之前测量得到的空气声频响，其相位灵敏度整体稳定在约-140dB re 1rad/μPa（约 12nm/Pa）。由此可知，当探头工作在水环境中时，其灵敏度下降至原来的 1.7%。此时的微型光纤水听器已不具有实用价值，不再分析其 P_{MDP} 及动态范围。

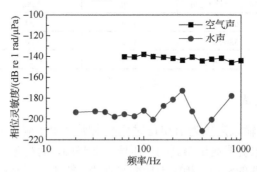

图 6-31　MEMS 光纤水听器 P-S-1 频响特性测试结果

6.3.2　空气腔 PET 平膜 MEMS 光纤水听器声学性能测试结果

1. 反射谱测试

在加工得到的基于 PET 平膜的 MEMS 光纤水听器中另选出一个样品，记为 P-S-2，不对其进行充水处理。根据 5.3.2 小节中设计结果可知，基于空气腔的水听器能够耐受 3.8m 深的静水压。图 6-32 所示为探头 P-S-2 在空气中和不同水深条件下的反射谱。

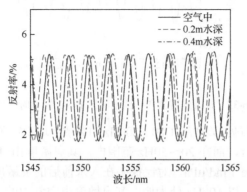

图 6-32　P-S-2 在不同水深条件下的反射谱曲线

表 6-4 为计算得到入水前后 F-P 腔的光学性能参数。可以发现，在不同水深条件下，F-P 腔的腔长基本上保持一致，说明设计的连通腔结构起到了平衡静水压的作用；而空气中腔长略高于水中腔长，怀疑是入水后膜片两侧介质不同，导致受到的表面张力不同。无论在空气中还是水中，组成 F-P 腔的两个端面的反射率 R_1、R_2 和干涉条纹对比度保持不变。

表 6-4　P-S-2 入水前后 F-P 腔的光学性能参数

位置	F-P 腔腔长 $L/\mu m$	$R_1/\%$	$R_2/\%$	条纹对比度
空气中	606.87	3.24	0.24	0.50
水深 0.2 m	586.59	3.22	0.24	0.50
水深 0.4 m	590.54	3.23	0.24	0.50

2. 频响特性测试

图 6-33 所示为输入声压为 100Hz 时标准水听器和待测水听器 P-S-2 的输出时域信号。此时标准水听器测试得到的声压值为 2.45Pa，而待测水听器的输出电压强度要高于标准水听器的输出。相较于标准水听器，待测水听器的输出信号中有一定的相位偏移，本书不分析光纤水听器的相位一致性问题，故对此暂不进行分析。测试得到的待测水听器 P-S-2 的频响特性如图 6-34 所示，测试过程中先将其放置于 0.2m 水深位置处测量一次，再将其放置于 0.4m 水深位置处测量一次。作为对比，图中同时给出了该样品在空气中的频响特性。图中左侧纵坐标表示该探头处理后的相位灵敏度，右侧纵坐标表示该探头在 0.2m 水深处测量得到的电压灵敏度。

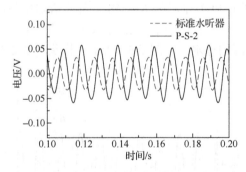

图 6-33　标准水听器和待测水听器 P-S-2 输出时域结果

在 0.2m 水深位置处，该样品在 80~800Hz 的灵敏度均稳定在-142.5dB re 1rad/μPa（或 9.25nm/Pa）附近，而在 20~50Hz 范围内，其灵敏度由-134.6dB re 1 rad/μPa 逐渐降至-140.2dB re 1 rad/μPa。对比探头在入水前后的灵敏度可以发现，该探头的灵敏度下降有限。以 100Hz 处为例，其灵敏度由空气中的-135dB re 1 rad/μPa（约 22nm/Pa）降至-142.5dB re 1rad/μPa，其机械灵敏度只下降为原来的 42%。相比较水腔 MEMS 光纤水听器，其灵敏度提高了约 32dB。频响特性在 63Hz 处出现了一个明显的低值，其原因尚需分析。

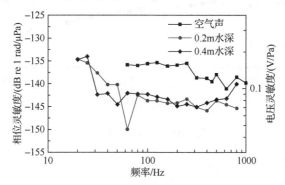

图 6-34 P-S-2 在不同水深条件下的频响特性

将水深增加至 0.4m，用以测试水深对传感器性能的影响。测量得到的频响特性同 0.2m 处变化趋势相似，其灵敏度的值也非常接近。但该测试结果不能说明传感器的频响特性与水深无关。事实上，当水深逐渐增大时，F-P 腔内的气体会被压缩，传感器的灵敏度应相应降低。本实验中由于实验装置限制，无法对此进行详细的实验验证，需要在后续进一步开展相关研究。

3. 噪声水平及 P_{MDP} 测试

测试得到样品 P-S-2 在 0.2m 水深处的总体噪声谱如图 6-35（a）所示。对比系统自身光电噪声可以发现，探头在测试频段内的总体噪声水平始终高于光电噪声，但差值逐渐减小。探头在测试频段受到了外界噪声干扰。

图 6-35（b）为计算得到的 P_{MDP} 值。可以发现，探头的 P_{MDP} 整体呈现逐渐下降的趋势，从 20Hz 处的约 144.98mPa/Hz$^{1/2}$ 逐渐下降至 800Hz 处的 8.7mPa/Hz$^{1/2}$。在 63Hz 处有一个反常升高，这与频响处该点的低值相关。该探头在 400Hz 处的 P_{MDP} 值为 22.29mPa/Hz$^{1/2}$（或 86.92dB re 1μPa）。

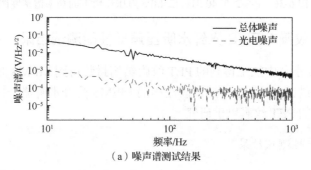

（a）噪声谱测试结果

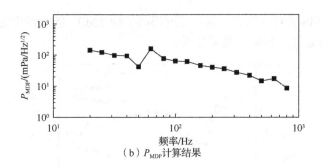

（b）P_{MDP} 计算结果

图 6-35　P-S-2 测试结果

4. 动态范围

图 6-36 所示为探头在频率 400Hz、幅值 2.48Pa（或 127.89dB re 1 μPa）声压作用下输出信号的功率谱密度图。从图中可以看出，探头输出结果中出现了二次谐波分量，但没有出现三次谐波分量。其总体谐波失真为-29.73dB，与前文规定的-30dB 非常接近，此时可以认为探头的输出响应与输入声压保持线性关系。结合传感器在 400Hz 处的 P_{MDP} 值，可以得到水听器 P-S-2 在 400Hz 处的动态范围为40.97dB（127.89dB-86.92dB）。虽然传感器的最大测量声压增大了，但由于其灵敏度降低，P_{MDP} 增大，造成整体的动态范围降低。

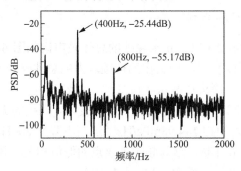

图 6-36　P-S-2 在 400Hz、2.48Pa 声压作用下的功率谱密度图

6.3.3　PET 纹膜 MEMS 光纤水听器声学性能测试结果

利用 4.3.3 小节中加工得到的 PET 纹膜结构封装得到 MEMS 光纤水听器，并对其性能进行测试。同基于金属纹膜结构的 MEMS 光纤水听器一样，作者同样加工了多个深度的 PET 纹膜以供研究。

1. 频响特性测试结果

图 6-37 所示为 7 个不同波纹深度的 PET 纹膜 MEMS 光纤水听器的频响测试

结果。同样的，放入了一个平膜结构作为对比。而每个水听器都同时测量了其在空气环境中的频响特性。可以发现，在波纹深度达到 10μm 左右的时候，MEMS 光纤水听器在水中的灵敏度均小于其自身在空气中的灵敏度。而在波纹深度达到 13.01μm 时，某些频段上该传感器在水中的灵敏度已经超过了其在空气中的灵敏度。从图 6-37（d）中可以发现，该传感器在空气中的频响特性与其他传感器不同，其在 200Hz 以下的频率的灵敏度下降较为明显，可能的原因是该传感器在此频段内的测试结果并不非常准确。由于时间的关系，没有重复进行测试。

将 400Hz 处各传感器分别在水中和空气中的灵敏度绘图，如图 6-38 所示。可以发现，PET 纹膜的 MEMS 光纤水听器的灵敏度并没有随着波纹深度的增大而显著变化，这一点与 4.2.2 小节的分析结果不同。后续部分我们会对此进行解释。

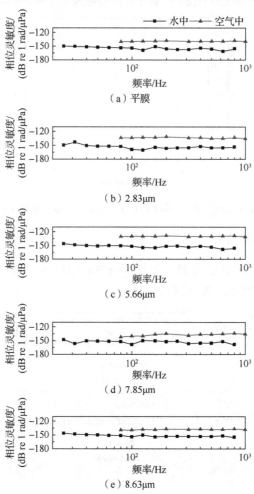

（a）平膜

（b）2.83μm

（c）5.66μm

（d）7.85μm

（e）8.63μm

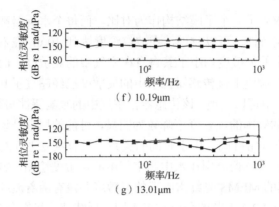

（f）10.19μm

（g）13.01μm

图 6-37　不同波纹深度的 PET 膜片 MEMS 光纤水听器频响曲线

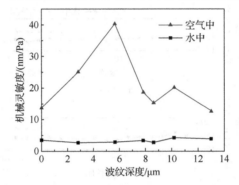

图 6-38　不同波纹深度 PET 膜片 MEMS 光纤水听器的机械灵敏度变化曲线

2. 动态范围测试结果

同金属纹膜结构的测试类似，此处不再单独给出各个传感器的噪声谱分析。图 6-39 为各传感器的谐波失真测试结果。

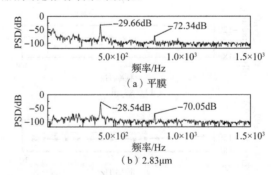

（a）平膜

（b）2.83μm

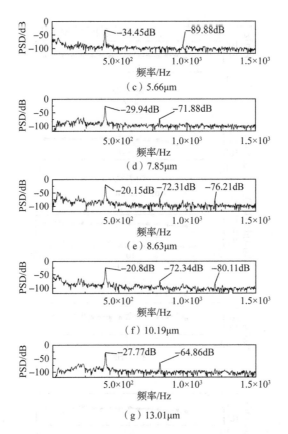

（c）5.66μm

（d）7.85μm

（e）8.63μm

（f）10.19μm

（g）13.01μm

图 6-39　不同波纹深度的 PET 膜片 MEMS 光纤水听器谐波失真测试结果

　　计算得到各传感器的最小可探测声压谱如图 6-40 所示，400Hz 处的最小可探测声压如图 6-41 所示。可以发现，随着波纹深度的增大，P_{MDP} 的变化趋势也不明显。

　　各传感器的性能如表 6-5 所示。可以发现，在空气中，随着波纹深度的增大，PET 纹膜 MEMS 光纤声压传感器的机械灵敏度先提高后降低。而在 4.2.2 小节中，理论分析结果指出在基于平板模型的膜片中引入波纹结构会降低其机械灵敏度，与实验结果不相符合。而在水环境中，各传感器的机械灵敏度并没有发生显著变化：其灵敏度先随着波纹深度的增加呈现不规则的变化趋势，在波纹深度达到 10μm 以后，其灵敏度反而超过了平膜结构。

　　在动态范围方面，纹膜深度为 2.83μm 和 5.66μm 时，两个传感器的动态范围均发生下降。此后，随着波纹深度的增加，其动态范围也随之增加，并明显超过平膜结构。

　　可以得出结论，通过在 PET 膜片中引入波纹结构，确实对其性能有一定的改善作用。

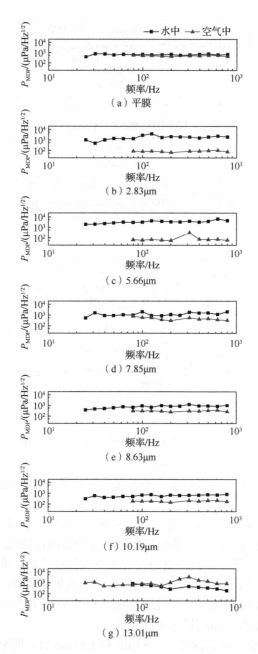

图 6-40 不同波纹深度的 PET 膜片式 MEMS 光纤声压传感器的 P_{MDP} 计算结果

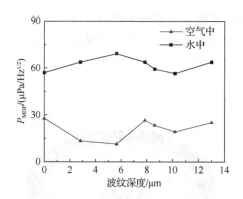

图 6-41 不同波纹深度 MEMS 光纤声压传感器的 P_{MDP} 变化曲线

表 6-5 不同波纹深度的 PET 纹膜 MEMS 光纤声压传感器的测试结果

波纹深度/μm	机械灵敏度（空气中）/(nm/Pa)	机械灵敏度（水中）/(nm/Pa)	P_{MDP}（空气中）/dB	P_{MDP}（水中）/dB	P_{THD}（水中）/dB	动态范围（水中）/dB
0	13.63	3.48	27.69	56.89	122.61	65.72
2.83	25.11	2.71	13.16	63.69	128.03	64.34
5.66	40.28	2.86	11.32	69.36	128.75	59.39
7.85	18.63	3.31	26.28	63.6	130.94	67.43
8.63	15.19	2.76	23.22	59.24	130.81	71.57
10.19	20.08	4.29	19.01	56.56	128.77	72.21
13.01	12.5	3.86	24.96	63.84	136.22	72.38

3. 仿真分析说明

在此，我们将从理论上对前文的实验结果进行解释。由于本书采用纳米热压印技术来加工 PET 纹膜结构，波纹的加工实际上增加了膜片的总面积，因此，膜片的实际厚度应该是降低了。

采用有限元分析的方法进行分析。所用膜片为半径 2mm 的圆形结构，施加压力为 1Pa，膜片四周固定。首先仿真平膜结构的形变，结果如图 6-42（a）所示。对应的，图 6-42（b）所示为纹膜结构的形变仿真示意图。仿真时所用纹膜结构示意图如图 4-32 所示。首先在不改变膜片厚度的条件下，逐渐增大波纹的深度，得到膜片中心点形变；然后在改变膜片厚度的条件下，逐渐增大波纹的深度，再次得到膜片中心点的形变。膜片厚度变化时，要保证膜片的总体积不变。仿真得到的结果如图 6-43 所示。可以发现，膜片厚度不变（保持 15μm）时，纹膜的中心位移随着波纹深度的增大而降低，与前文的理论分析结果相符；而当膜片的厚度随着波纹深度增大而减小时，纹膜的中心位移是先提高后降低，与图 6-41 中实测的灵敏度变化趋势基本相符。

根据以上分析可以发现，利用热压印加工得到的 PET 纹膜结构，在改善了 MEMS 光纤水听器动态范围的同时，有效地保持了其灵敏度性能。因此，通过利用纳米压印技术在 PET 膜片中引入波纹结构，可以有效提升 MEMS 光纤水听器的性能。

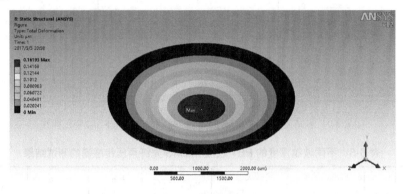

（a）平面膜片

（b）波纹膜片

图 6-42　PET 膜片受力形变仿真图

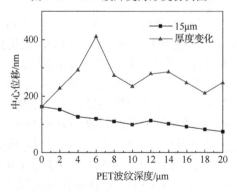

图 6-43　PET 波纹深度对中心位移的影响有限元仿真分析结果

6.3.4 银膜片 MEMS 光纤水听器声学性能测试结果

将加工得到的银膜片 1MEMS 光纤水听器记为 A-S-1。由于银膜片在充水过程中很容易破裂，故只测试其在空气腔条件下的水声性能。

1. 反射谱测试

同样对 A-S-1 在不同水深条件下的反射谱进行测试，结果如图 6-44 所示。可以发现，当 A-S-1 在空气中时，其反射谱中出现了一个较大的折线，说明该探头在空气环境中不是非常稳定。探头在空气中的反射率明显高于在水中的反射率，而在 0.2m 和 0.4m 水深位置处的反射率则水平相当。

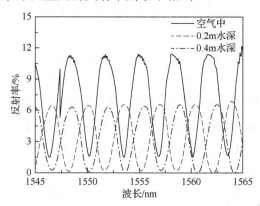

图 6-44 A-S-1 在不同水深条件下的反射谱曲线

对入水前后 F-P 腔的光学性能参数进行分析，结果如表 6-6 所示。

表 6-6 A-S-1 入水前后 F-P 腔的光学性能参数

位置	F-P 腔腔长 $L/\mu m$	$R_1/\%$	$R_2/\%$	条纹对比度
空气中	356.09	5.31	1.13	0.76
水深 0.2m	352.78	2.11	1.24	0.97
水深 0.4m	353.35	1.99	1.26	0.97

同表 6-4 所示结论相同，空气中的 F-P 腔腔长略大于水中的 F-P 腔腔长；而反射率 R_1 在空气中的值明显高于在水中的值，怀疑是因为入水后银膜片外侧介质的折射率发生了变化，导致其有效反射率发生了改变。从表 6-6 可以发现，在两个水深条件下，水听器 A-S-1 的 F-P 腔腔长、反射率、条纹对比度等基本上保持一致，说明设计的连通腔结构起到了平衡静水压的作用。

2. 频响特性测试

图 6-45 所示为输入声压为 100Hz 时标准水听器和待测水听器 A-S-1 的输出时域信号。此时标准水听器测试得到的声压值为 2.38Pa，而待测水听器的输出电压强度则要高于标准水听器的输出。相比较标准水听器，待测水听器的输出信号中同样有一定的相位偏移。

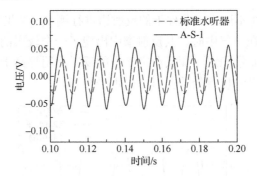

图 6-45　标准水听器和待测水听器 A-S-1 输出时域结果

测试得到的 A-S-1 的频响特性如图 6-46 所示，测试过程中只将其放置于 0.2m 水深位置处。图中左侧纵坐标表示该探头处理后的相位灵敏度，右侧纵坐标表示该探头测量得到的电压灵敏度。

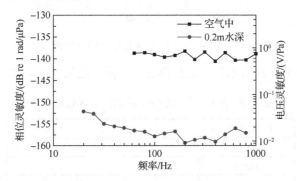

图 6-46　MEMS 光纤水听器 A-S-1 在 0.2m 水深条件下的频响特性

在 20~80Hz 范围内，该样品的灵敏度由 -152.1dB re 1 rad/μPa 逐渐降至 -156.7dB re 1 rad/μPa；在 80~800Hz 范围内，其灵敏度虽有上下起伏，但整体稳定在 -157dB re 1 rad/μPa（或 1.75nm/Pa）附近。而在图 6-46 所示频段内，该探头在空气中的灵敏度稳定在 -140dB re 1 rad/μPa（或 12nm/Pa）附近。以 100Hz 处为例，其机械灵敏度下降至空气声水平的 15% 左右。

3. 噪声及 P_{MDP} 测试

测试得到样品 A-S-1 的总体噪声谱和光电噪声谱如图 6-47（a）所示。可以发现，由于受到了外界噪声干扰，在测试频段内的总体噪声水平同样始终高于光电噪声，但差值也逐渐减小。从图 6-35（a）所示的 PET 平膜水听器测试结果可以发现，A-S-1 中的两个噪声谱之间的差值要小于 P-S-2 的噪声谱间差值，这是由于 A-S-1 的灵敏度低于 P-S-2 的灵敏度，其受外界噪声的影响也小于 P-S-2 所受的影响。

图 6-47（b）为计算得到 A-S-1 的 P_{MDP} 值。探头的 P_{MDP} 整体同样呈现下降的趋势，20~80Hz 的 P_{MDP} 有一定起伏，在 100Hz 处出现一个低谷。对比噪声谱可以发现，该频率处的总体噪声也相对较低。125Hz 之后的 P_{MDP} 则平缓下降。该探头在 400Hz 处的 P_{MDP} 值为 13.08mPa/Hz$^{1/2}$（或 82.33dB re 1 μPa）。

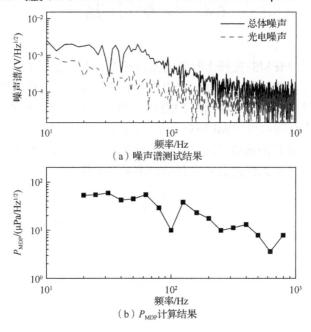

（a）噪声谱测试结果

（b）P_{MDP} 计算结果

图 6-47　MEMS 光纤水听器 A-S-1 测试结果

4. 动态范围

图 6-48 所示为探头在 400Hz、幅值 8.45Pa（或 138.54dB re 1 μPa）声压作用下输出信号的功率谱密度图。从图中可以看出，探头输出结果中出现了二次谐波分量，但没有出现三次谐波分量。其总体谐波失真为-37.41dB，小于前文规定的 -30dB，此时探头的输出响应与输入声压保持线性关系。结合传感器在 400Hz 处的 P_{MDP} 值，可以得到 A-S-1 在 400Hz 处的动态范围为 56.21dB。

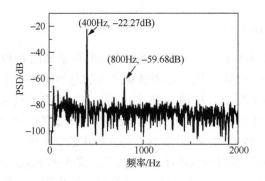

图 6-48　A-S-1 在 400Hz、8.45Pa 声压作用下的功率谱密度图

6.4　本 章 小 结

　　本章主要是 MEMS 光纤水听器的测试环节。首先说明了信号解调装置的搭建；详细介绍了麦克风和水听器测试原理及装置；分析了光纤声压传感器的待测指标和测试方法，并对加工得到的 MEMS 光纤声压传感器性能进行了详细测试。特别地，对基于纹膜结构的 MEMS 光纤声压传感器（包括麦克风和水听器）进行了详细的测试，并将测试结果同仿真结果进行了对比。对比结果表明，波纹结构的引入对改善传感器的性能有较大帮助。本章的工作为进一步改善传感器的性能打下了基础。

7 总 结

  EFPI 光纤声压传感器有望突破传统光纤声压传感器的小型化瓶颈，满足新一代高性能声压传感器对探测单元小型化及矢量化的要求，从而在水下监测系统、无人水声探测装备平台等领域得到广泛应用。目前该技术正处于起步阶段，面临诸多问题。本书针对 MEMS 光纤声压传感器中的若干关键技术开展相关研究，主要完成了如下工作：

  （1）针对 MEMS 光纤声压传感器缺乏系统理论分析的问题，对光纤 F-P 腔的光学性能、膜片的机械性能和传感器结构的声学性能进行了详细分析。特别的，借鉴 MEMS 电容式麦克风的等效电路分析方法，建立了 MEMS 光纤声压传感器的等效电路，并系统分析了传感器的各结构参数对其声学频响函数、整体机械灵敏度、共振频率等主要性能参数的影响，为声压传感器的结构设计提供理论指导。

  研究结果表明，高斯模式耦合模型适用于描述光纤 F-P 腔的传输耦合特性。根据回复力的不同，膜片振动时分成平板模型和薄膜模型两种类型，而波纹结构的引入会改善膜片的机械性能，比如增加平板模型的线性形变区间，或增加薄膜模型的灵敏度。传感器结构参数对其声学性能的影响则比较复杂，需要根据实际需要合理设计其结构。传感器的性能受工作环境的影响非常明显，同样结构的 EFPI 水听器灵敏度要远低于其作为麦克风时的灵敏度。

  （2）针对传统的高质量声压敏感膜片加工困难的问题，提出了基于光刻胶牺牲层的干法转移加工工艺。采用易溶于丙酮溶液的低成本正性光刻胶作为牺牲层，利用可均匀大面积成膜的磁控溅射在牺牲层表面加工金属薄膜后进行干法贴合转移。利用该方法可以实现高质量金属平膜结构的加工，实验结果表明，加工得到的金属银膜片在直径达到 2.5mm 时其平整度小于 14μm。

  （3）针对加工得到的银膜片应力较高、通过控制成膜参数来改进应力较为困难的问题，通过引入波纹结构降低膜片内应力。利用灰度曝光和 RIE 刻蚀等工艺实现了基于金属银纹膜结构的 MEMS 光纤声压传感器的制作加工，并针对波纹参数对传感器性能的影响进行了深入研究。实验结果表明，基于银纹膜的声压传感器灵敏度比对应平膜结构的传感器灵敏度有不同程度的提高。

  （4）针对传统同轴型 MEMS 光纤声压传感器不适合进行表面贴合测试的问题，提出了基于 45° 光纤的垂直轴型光纤声压传感器结构。所用银膜片的直径为

1.6mm，厚度为 95nm。测试结果表明，传感器在 1～6kHz 的频率范围内，相位灵敏度从-129.42 dB re 1 rad/μPa 缓慢提高到-126.50 dB re 1 rad/μPa；传感器在 3kHz 处的最小可探测声压为 67μPa/Hz$^{1/2}$，动态范围为 70.49dB。

（5）针对短腔长型 MEMS 光纤声压传感器不适合进行 PGC 解调的问题，提出了长腔长型 EFPI 光纤传感器结构。通过控制 F-P 腔内引入传导光纤的距离来控制 F-P 腔的光程差。利用基于 EDFL 光源的内调制型 PGC-DCM 算法对加工得到的长腔长型 F-P 腔结构性能进行了测试。成功解调出声压信号，在 2kHz 处的相位灵敏度大约为-140 dB re 1 rad/μPa，最小可探测声压值大约为 60.6μPa/Hz$^{1/2}$，动态范围至少为 65.1dB。

（6）针对 MEMS 光纤水听器需要同时满足抗静水压和高灵敏度需求的问题，采用具有一定体积的微流路作为 F-P 腔的连通腔结构，利用空气作为 F-P 腔的填充介质进行增敏；针对传统膜片难于加工和易于破损的问题，采用 PET 膜片作为声压敏感元件。测试结果表明，加工得到的基于 PET 膜片的 MEMS 光纤水听器在 0.5m 水深范围内具有良好的抗静压能力；在 0.2m 水深位置处，在 80～800Hz 范围内的灵敏度均稳定在-142.5 dB re 1rad/μPa，其灵敏度下降至空气中的 42%左右。该探头在 400 Hz 处的 P_{MDP} 值为 22.29mPa/Hz$^{1/2}$，动态范围为 40.97dB。

（7）本书作者研究了基于纳米压印技术的 PET 纹膜结构的加工工艺，并利用加工得到的 PET 纹膜结构加工了 MEMS 光纤水听器结构。针对不同波纹深度条件下的水听器性能进行了详细的测试，并将测试结果同理论分析结果进行了对比。结果表明，利用纳米压印技术加工得到的 PET 纹膜结构在提高了动态范围的同时保持了原来的灵敏度指标。因此，利用该技术加工得到的 MEMS 光纤水听器的整体性能得到明显的提升。

本书相关研究工作为 MEMS 光纤声压传感器的进一步研究提供了理论基础和关键技术积累，研究成果可用于新型水下监测系统、无人水声探测装备平台等领域。本书尚未涉及以下内容的研究：

（1）所采用的声学等效电路模型是基于壁面刚性假设建立的，在实际应用中很难满足，特别在水中时需要考虑壁面弹性对系统特性的影响。因此，需要对所声学系统中的声阻抗模型进行修正以使其更符合实际情形。

（2）本书没有对适合于大规模阵列复用的高灵敏度低噪声解调算法进行深入研究；对系统噪声的来源，包括热噪声、光电噪声及相应降噪措施的研究也没有开展，需要在后续的研究中逐步开展。

参 考 文 献

[1] Bucaro J A, Dardy H D, Carome E F. Fiber-optic hydrophone[J]. Journal of the Acoustical Society of America, 1977, 62(5): 1302-1304.

[2] Cole J H, Johnson R L, Bhuta P G. Fiber-optic detection of sound[J]. Journal of the Acoustical Society of America, 1977, 62(5): 3.

[3] 王晓娜. 光纤 EFPI 传感器系统及其在油气井中应用的研究[D]. 大连: 大连理工大学, 2008.

[4] Nash P J, Strudley A, Crickmore R, et al. High efficiency TDM/WDM architectures for seismic reservoir monitoring[C]. The International Society for Optical Engineering, 2009.

[5] Di Sante R. Fibre optic sensors for structural health monitoring of aircraft composite structures: Recent advances and applications[J]. Sensors (Basel), 2015, 15(8): 18666-18713.

[6] Wooler J P, Crickmore R I. Fiber-optic microphones for battlefield acoustics[J]. Applied Optics, 2007, 46(13): 2486-2491.

[7] De Freitas J M. Recent developments in seismic seabed oil reservoir monitoring applications using fibre-optic sensing networks[J]. Measurement Science and Technology, 2011, 22(5): 30.

[8] Zhang W T, Liu Y L, Li F, et al. Fiber laser hydrophone based on double diaphragms: Theory and experiment[J]. Journal of Lightwave Technology, 2008, 26(9-12): 1349-1352.

[9] Jo W, Akkaya O C, Solgaard O, et al. Miniature fiber acoustic sensors using a photonic-crystal membrane[J]. Optical Fiber Technology, 2013, 19(6): 785-792.

[10] Kirkendall C K, Dandridge A. Overview of high performance fibre-optic sensing[J]. Journal of Physics D-Applied Physics, 2004, 37(18): R197-R216.

[11] Hardie D J W, Gallaher A B. Review of interferometric optical fibre hydrophone technology[J]. Proceedings-Radar Sonar and Navigation, 1996, 143(3): 204-209.

[12] Cranch G A, Nash P J, Kirkendall C K. Large-scale remotely interrogated arrays of fiber-optic interferometric sensors for underwater acoustic applications[J]. IEEE Sensors Journal, 2003, 3(1): 19-30.

[13] Akkaya O C, Akkaya O, Digonnet M J F, et al. Modeling and demonstration of thermally stable high-sensitivity reproducible acoustic sensors[J]. Journal of Microelectromechanical Systems, 2012, 21(6): 1347-1356.

[14] Kilic O, Digonnet M J, Kino G S, et al. Miniature photonic-crystal hydrophone optimized for ocean acoustics[J]. Journal of the Acoustical Society of America, 2011, 129(4): 1837-1850.

[15] Ames G H, Maguire J M. Miniaturized mandrel-based fiber optic hydrophone[J]. Journal of the Acoustical Society of America, 2007, 121(3): 1392-1395.

[16] Rao W, Niu S L, Zhang N, et al. Phase-generated carrier demodulation scheme for fiber Fabry-Perot interferometric sensor with high finesse[J]. Optical Engineering, 2011, 50(9): 5.

[17] Lin C Y, Luo H, Xiong S D, et al. Investigation on a fiber optic accelerometer based on FBG-FP

interferometer[C]. International Symposium on Optoelectronic Technology and Application, 2014.

[18] Liu X H, Jiang M S, Sui Q M, et al. Temperature sensitivity characteristics of HCPCF-based Fabry-Perot interferometer[J]. Optics Communications, 2016, 359: 322-328.

[19] Dagang G, Po S N C, Hock F T E. Design and optimization of dual optical fiber MEMS pressure sensor for biomedical applications[C]. International MEMS Conference, 2006: 1073-1078.

[20] Bremer K, Lewis E, Moss B, et al. Fabrication of a high temperature-resistance optical fibre micro pressure sensor[C]. 6th International Multi-Conference on Systems, Signals and Devices, 2009: 5.

[21] Donlagic D, Cibula E. All-fiber high-sensitivity pressure sensor with SiO_2 diaphragm[J]. Optics Letters, 2005, 30(16): 2071-2073.

[22] Wang W H, Wu N, Tian Y, et al. Miniature all-silica optical fiber pressure sensor with an ultrathin uniform diaphragm[J]. Optics Express, 2010, 18(9): 9006-9014.

[23] Gerges A S, Newson T P, Jones J D C, et al. High-sensitivity fiber-optic accelerometer[J]. Optics Letters, 1989, 14(4): 251-253.

[24] Wang Z G, Zhang W T, Han J, et al. Diaphragm-based fiber optic Fabry-Perot accelerometer with high consistency[J]. Journal of Lightwave Technology, 2014, 32(22): 4208-4213.

[25] Lawson N J, Correia R, James S W, et al. Development and application of optical fibre strain and pressure sensors for in-flight measurements[J]. Measurement Science and Technology, 2016, 27(10): 104001.

[26] Zhang Q, Zhu T, Hou Y S, et al. All-fiber vibration sensor based on a Fabry-Perot interferometer and a microstructure beam[J]. Journal of the Optical Society of America B-Optical Physics, 2013, 30(5): 1211-1215.

[27] Tankovsky N, Nikolov I, Baerner K, et al. Monomode optical fibre as a displacement sensor[J]. Journal of Optics A-Pure and Applied Optics, 2003, 5(1): 1-5.

[28] Lu T, Yang S P. Extrinsic Fabry-Perot cavity optical fiber liquid-level sensor[J]. Applied Optics, 2007, 46(18): 3682-3687.

[29] Zhu T, Ke T, Rao Y J, et al. Fabry-Perot optical fiber tip sensor for high temperature measurement[J]. Optics Communications, 2010, 283(19): 3683-3685.

[30] Wu C, Liu Z Y, Zhang A P, et al. In-line open-cavity Fabry-Perot interferometer formed by C-shaped fiber fortemperature-insensitive refractive index sensing[J]. Optics Express, 2014, 22(18): 21757-21766.

[31] Xie W J, Yang M H, Cheng Y, et al. Optical fiber relative-humidity sensor with evaporated dielectric coatings on fiber end-face[J]. Optical Fiber Technology, 2014, 20(4): 314-319.

[32] Ge M, Li Y, Han Y H, et al. High-sensitivity double-parameter sensor based on the fibre-tip Fabry-Pérot interferometer[J]. Journal of Modern Optics, 2016, 64(6): 596-600.

[33] Lo S C, Lai W C, Chang C I, et al. Development of a no-back-plate SOI MEMS condenser microphone[C]. 18th International Conference on Solid-State Sensors, Actuators and Microsystems (Transducers), 2015: 1085-1088.

[34] Kuntzman M L, Hall N A. A broadband, capacitive, surface-micromachined, omnidirectional microphone with more than 200kHz bandwidth[J]. Journal of the Acoustical Society of America, 2014, 135(6): 3416-3424.

[35] 陈尚. 硅微 MEMS 仿生矢量水声传感器研究[D]. 太原: 中北大学, 2008.

[36] Piotto M, Butti F, Di Pancrazio A, et al. Low voltage acoustic particle velocity sensor with integrated low noise chopper pre-amplifier[C]. 28th European Conference on Solid-State

Transducers, 2014: 736-739.

[37] Middlemiss R P, Samarelli A, Paul D J, et al. Measurement of the Earth tides with a MEMS gravimeter[J]. Nature, 2016, 531(7596): 614-617.

[38] Lee H, Choi S, Moon W. A micro-machined piezoelectric flexural-mode hydrophone with air backing: Benefit of air backing for enhancing sensitivity[J]. Journal of the Acoustical Society of America, 2010, 128(3): 1033-1044.

[39] Choi S, Lee H, Moon W. A micro-machined piezoelectric hydrophone with hydrostatically balanced air backing[J]. Sensors and Actuators A: Physical, 2010, 158(1): 60-71.

[40] Choi S, Lee H, Moon W. A micro-machined piezoelectric flexural-mode hydrophone with air backing: A hydrostatic pressure-balancing mechanism for integrity preservation[J]. Journal of the Acoustical Society of America, 2010, 128(3): 1021-1032.

[41] Hohm D, Hess G. A subminiature condenser microphone with silicon nitride membrane and silicon back plate[J]. Journal of the Acoustical Society of America, 1989, 85(1): 476-480.

[42] 王付印. 基于 F-P 干涉仪的微型化光纤水声传感关键技术研究[D]. 长沙: 国防科技大学, 2015.

[43] Killic O. Fiber based photonic-crystal acoustic sensor[D]. Standford: Standford University 2008.

[44] 王泽锋. 水声低通滤波光纤水听器的理论和实验研究[D]. 长沙: 国防科技大学, 2008.

[45] Marcuse D. Loss analysis of single-mode fiber splices[J]. Bell System Technical Journal, 1977, 56(5): 703-718.

[46] 李川. 光纤传感器技术[M]. 北京: 科学出版社, 2012.

[47] Chin K K, Sun Y, Feng G, et al. Fabry-Perot diaphragm fiber-optic sensor[J]. Applied Optics, 2007, 46(31): 7614-7619.

[48] Chen J Y, Chen D J, Geng J X, et al. Stabilization of optical Fabry-Perot sensor by active feedback control of diode laser[J]. Sensors and Actuators A: Physical, 2008, 148(2): 376-380.

[49] Yu B, Wang A B, Pickrell G R. Analysis of fiber Fabry-Perot interferometric sensors using low-coherence light sources[J]. Journal of Lightwave Technology, 2006, 24(4): 1758-1767.

[50] Murphy K A, Gunther M F, Vengsarkar A M, et al. Quadrature phase-shifted, extrinsic Fabry-Perot optical fiber sensors[J]. Optics Letters, 1991, 16(4): 273-275.

[51] Kim S H, Lee J J, Lee D C, et al. A study on the development of transmission-type extrinsic Fabry-Perot interferometric optical fiber sensor[J]. Journal of Lightwave Technology, 1999, 17(10): 1869-1874.

[52] Zhou C H, Letcher S V, Shukla A. Fiberoptic microphone based on a combination of Fabry-Perot interferometry and intensity modulation[J]. Journal of the Acoustical Society of America, 1995, 98(2): 1042-1046.

[53] Yu Q X, Zhou X L. Pressure sensor based on the fiber-optic extrinsic Fabry-Perot interferometer[J]. Photonic Sensors, 2011, 1(1): 72-83.

[54] Tian J J, Zhang Q, Fink T, et al. Tuning operating point of extrinsic Fabry-Perot interferometric fiber-optic sensors using microstructured fiber and gas pressure[J]. Optics Letters, 2012, 37(22): 4672-4674.

[55] Chen J Y, Li W C, Jiang H, et al. Stabilization of a fiber fabry-perot interferometric acoustic wave sensor[J]. Microwave and Optical Technology Letters, 2012, 54(7): 1668-1671.

[56] Mao X F, Zhou X L, Yu Q X. Stabilizing operation point technique based on the tunable distributed feedback laser for interferometric sensors[J]. Optics Communications, 2016, 361: 17-20.

[57] 陈计信, 朱涛, 饶云江, 等. 一种自校准光纤珀珀动态应变检测系统的实验研究[J]. 光学与

光电技术, 2010(1): 9-13.

[58] Wang Q Y, Ma Z H. Feedback-stabilized interrogation technique for optical Fabry-Perot acoustic sensor using a tunable fiber laser[J]. Optics and Laser Technology, 2013, 51: 43-46.

[59] May R G, Wang A B, Xiao H, et al. SCIIB pressure sensors for oil extraction applications[M]//Harsh Environment Sensors II. Bellingham: Spie-Int Soc Optical Engineering, 1999: 29-35.

[60] Zhang G J, Yu Q X, Song S D. An investigation of interference/intensity demodulated fiber-optic Fabry-Perot cavity sensor[J]. Sensors and Actuators A: Physical, 2004, 116(1): 33-38.

[61] 叶晨. 光纤 MEMS 法布里-珀罗传感器解调方法研究[D]. 哈尔滨: 哈尔滨工业大学, 2014.

[62] Dahlem M, Santos J L, Ferreira L A, et al. Passive interrogation of low-finesse Fabry-Perot cavities using fiber Bragg gratings[J]. IEEE Photonics Technology Letters, 2001, 13(9): 990-992.

[63] Zhao J H, Shi Y K, Shan N, et al. Stabilized fiber-optic extrinsic Fabry-Perot sensor system for acoustic emission measurement[J]. Optics and Laser Technology, 2008, 40(6): 874-880.

[64] Dong B, Han M, Wang A B. Two-wavelength quadrature multipoint detection of partial discharge in power transformers using fiber Fabry-Perot acoustic sensors[M]// Du H H, Pickrell G, Udd E, et al. Fiber Optic Sensors and Applications IX. Bellingham: Spie-Int Soc Optical Engineering, 2012.

[65] Ni X Q, Wang M, Chen X X, et al. An optical fibre MEMS pressure sensor using dual-wavelength interrogation[J]. Measurement Science & Technology, 2006, 17(9): 2401-2404.

[66] Lu E, Ran Z L, Peng F, et al. Demodulation of micro fiber-optic Fabry-Perot interferometer using subcarrier and dual-wavelength method[J]. Optics Communications, 2012, 285(6): 1087-1090.

[67] Xia J, Xiong S D, Wang F Y, et al. Wavelength-switched phase interrogator for extrinsic Fabry-Perot interferometric sensors[J]. Optics Letters, 2016, 41(13): 3082-3085.

[68] Schmidt M, Furstenau N. Fiber-optic extrinsic Fabry-Perot interferometer sensors with three-wavelength digital phase demodulation[J]. Optics Letters, 1999, 24(9): 599-601.

[69] Wang A B, Xiao H, Wang J, et al. Self-calibrated interferometric-intensity-based optical fiber sensors[J]. Journal of Lightwave Technology, 2001, 19(10): 1495-1501.

[70] Wright O B. Stabilized dual-wavelength fiber-optic interferometer for vibration measurement[J]. Optics Letters, 1991, 16(1): 56-58.

[71] Bhatia V, Murphy K A, Claus R O, et al. Multiple strain state measurements using conventional and absolute optical fiber-based extrinsic Fabry-Perot interferometric strain sensors[J]. Smart Materials & Structures, 1995, 4(4): 240-245.

[72] Liu Q, Jing Z G, Li A, et al. Common-path dual-wavelength quadrature phase demodulation of EFPI sensors using a broadly tunable MG-Y laser[J]. Optics Express, 2019, 27(20): 27873.

[73] Schmidt M, Furstenau N, Bock W, et al. Fiber-optic polarimetric strain sensor with three-wavelength digital phase demodulation[J]. Optics Letters, 2000, 25(18): 1334-1336.

[74] 赵文涛, 宋凝芳, 宋镜明, 等. 三波长数字相位解调法解调误差及影响因素[J]. 北京航空航天大学学报, 2017, 43(8): 1654-1661.

[75] Liu Q, Jing Z G, Liu Y Y, et al. Quadrature phase-stabilized three-wavelength interrogation of a fiber-optic Fabry-Perot acoustic sensor[J]. Optics Letters, 2019, 44(22): 5402-5405.

[76] 曹家年, 张立昆, 李绪友, 等. 干涉型光纤水听器相位载波调制及解调方案研究[J]. 光学学报, 1999(11): 1536-1540.

[77] Lin Q A, Chen L H, Li S, et al. A high-resolution fiber optic accelerometer based on intracavity

phase-generated carrier (PGC) modulation[J]. Measurement Science & Technology, 2011, 22(1): 6.

[78] Jia P G, Wang D H. Self-calibrated non-contact fibre-optic Fabry-Perot interferometric vibration displacement sensor system using laser emission frequency modulated phase generated carrier demodulation scheme[J]. Measurement Science & Technology, 2012, 23(11): 9.

[79] Mao X F, Tian X R, Zhou X L, et al. Characteristics of a fiber-optical Fabry-Perot interferometric acoustic sensor based on an improved phase-generated carrier-demodulation mechanism[J]. Optical Engineering, 2015, 54(4): 6.

[80] Wang D H, Jia P G. Fiber optic extrinsic Fabry-Perot accelerometer using laser emission frequency modulated phase generated carrier demodulation scheme[J]. Optical Engineering, 2013, 52(5): 9.

[81] Dandridge A, Tveten A B, Giallorenzi T G. Homodyne demodulation scheme for fiber optic sensors using phase generated carrier[J]. IEEE Transactions on Microwave Theory and Techniques, 1982, 30(10): 1635-1641.

[82] Lin H Z, Ma L N, Hu Z L, et al. Multiple reflections induced crosstalk in inline TDM fiber Fabry-Perot sensor system utilizing phase generated carrier scheme[J]. Journal of Lightwave Technology, 2013, 31(16): 2951-2958.

[83] 林巧, 陈柳华, 李书, 等. 基于光纤-镜面干涉腔的光纤加速度计[J]. 光学精密工程, 2011 (6): 1179-1184.

[84] 林巧, 李书, 潘建彬, 等. 高分辨率光纤加速度计[J]. 光学学报, 2009(9): 2374-2377.

[85] Wang F Y, Xie J H, Hu Z L, et al. Interrogation of extrinsic Fabry-Perot sensors using Path-Matched differential interferometry and phase generated carrier technique[J]. Journal of Lightwave Technology, 2015, 33(12): 2392-2397.

[86] Wang G Q, Xu T W, Li F. PGC Demodulation technique with high stability and low harmonic distortion[J]. IEEE Photonics Technology Letters, 2012, 24(23): 2093-2096.

[87] 柏林厚. 基于光频调制 PGC 解调系统的光源及其它若干问题研究[D]. 北京: 清华大学, 2005.

[88] 倪明, 胡永明, 孟洲, 等. 数字化 PGC 解调光纤水听器的动态范围[J]. 激光与光电子学进展, 2005(2): 33-37.

[89] Wu B, Yuan Y, Yang J, et al. Optimized phase generated carrier (PGC) demodulation algorithm insensitive to C value[C]. Fifth Asia-Pacific Optical Sensors Conference, 2015.

[90] Tong Y W, Zeng H L, Li L Y, et al. Improved phase generated carrier demodulation algorithm for eliminating light intensity disturbance and phase modulation amplitude variation[J]. Applied Optics, 2012, 51(29): 6962-6967.

[91] Jia J S, Jiang Y, Zhang L C, et al. Dual-wavelength DC compensation technique for the demodulation of EFPI fiber sensors[J]. IEEE Photonics Technology Letters, 2018, 30(15): 1380-1383.

[92] Jia J S, Jiang Y, Gao H, et al. Three-wavelength passive demodulation technique for the interrogation of EFPI sensors with arbitrary cavity length[J]. Optics Express, 2019, 27(6): 8890.

[93] Jia J S, Jiang Y, Huang J, et al. Symmetrical demodulation method for the phase recovery of extrinsic Fabry-Perot interferometric sensors[J]. Optics Express, 2020, 28(7): 9149.

[94] Mei J W, Xiao X S, Yang C X. High-resolution and large dynamic range fiber extrinsic Fabry-Perot sensing by multi-extrema-tracing technique[J]. Applied Optics, 2015, 54(12): 3677-3681.

[95] Jiang Y. Fourier transform white-light interferometry for the measurement of fiber-optic extrinsic Fabry-Perot interferometric sensors[J]. IEEE Photonics Technology Letters, 2008,

20(1-4): 75-77.

[96] Rao Y J, Wang X J, Zhu T, et al. Demodulation algorithm for spatial-frequency-division-multiplexed fiber-optic Fizeau strain sensor networks[J]. Optics Letters, 2006, 31(6): 700-702.

[97] Wang W, Hu Z L, Jiang P, et al. Breaking through the intensity restriction of the asymmetric fiber Bragg grating based Fabry-Perot sensitivity enhancement system[C]. 7th International Symposium on Advanced Optical Manufacturing and Testing Technologies, Bellingham, 2014.

[98] Schwider J, Zhou L. Dispersive interferometric profilometer[J]. Optics Letters, 1994, 19(13): 995-997.

[99] Qi B, Pickrell G R, Xu J C, et al. Novel data processing techniques for dispersive white light interferometer[J]. Optical Engineering, 2003, 42(11): 3165-3171.

[100] 荆振国, 于清旭, 张桂菊, 等. 一种新的白光光纤传感系统波长解调方法[J]. 光学学报, 2005(10): 53-57.

[101] 荆振国. 白光非本征法布里-珀罗干涉光纤传感器及其应用研究[D]. 大连：大连理工大学, 2006.

[102] Jiang Y. High-resolution interrogation technique for fiber optic extrinsic Fabry-Perot interferometric sensors by the peak-to-peak method[J]. Applied Optics, 2008, 47(7): 925-932.

[103] Xie J H, Wang F Y, Pan Y, et al. High resolution signal-processing method for extrinsic Fabry-Perot interferometric sensors[J]. Optical Fiber Technology, 2015, 22: 1-6.

[104] Dändliker R, Zimmermann E, Frosio G. Electronically scanned white-light interferometry: A novel noise-resistant signal processing[J]. Optics Letters, 1992, 17(9): 679-681.

[105] Ma C, Wang A. Signal processing of white-light interferometric low-finesse fiber-optic Fabry-Perot sensors[J]. Applied Optics, 2013, 52(2): 127-138.

[106] 章鹏, 朱永, 陈伟民. 光纤法布里-珀罗传感器腔长的傅里叶变换解调原理研究[J]. 光子学报, 2004, 33(12): 1449-1452.

[107] 章鹏, 朱永, 唐晓初, 等. 基于傅里叶变换的光纤法布里-珀罗传感器解调研究[J]. 光学学报, 2005, 25(2): 186-189.

[108] Yu Z H, Wang A B. Fast white light interferometry demodulation algorithm for low-finesse Fabry-Perot sensors[J]. IEEE Photonics Technology Letters, 2015, 27(8): 817-820.

[109] Zhao Z H, Yu Z H, Chen K, et al. A Fiber optic Fabry-Perot accelerometer based on high-speed white light interferometry demodulation[J]. Journal of Lightwave Technology, 2018, 36(9): 1562-1567.

[110] Chen K, Yu Z H, Yu Q X, et al. Fast demodulated white-light interferometry-based fiber-optic Fabry-Perot cantilever microphone[J]. Optics Letters, 2018, 43(14): 3417-3420.

[111] Yu Z H, Wang A B. Fast Demodulation algorithm for multiplexed low-finesse Fabry-Perot interferometers[J]. Journal of Lightwave Technology, 2016, 34(3): 1015-1019.

[112] Beheim G. Remote displacement measurement using a passive interferometer with a fiber-optic link[J]. Applied Optics, 1985, 24(15): 2335-2340.

[113] Choi H S, Taylor H F, Lee C E. High-performance fiber-optic temperature sensor using low-coherence interferometry[J]. Optics Letters, 1997, 22(23): 1814-1816.

[114] Chang C C, Sirkis J. Absolute phase measurement in extrinsic Fabry-Perot optical fiber sensors using multiple path-match conditions[J]. Experimental Mechanics, 1997, 37(1): 26-32.

[115] Zhang X M, Liu Y X, Bae H, et al. Phase modulation with micromachined resonant mirrors for low-coherence fiber-tip pressure sensors[J]. Optics Express, 2009, 17(26): 23965-23974.

[116] Belleville C, Duplain G. White-light interferometric multimode fiber-optic strain sensor[J]. Optics Letters, 1993, 18(1): 78-80.

[117] 赵艳, 王代华. 用于光纤法布里-珀罗传感器腔长互相关解调的光楔的数学模型研究[J]. 光学学报, 2011(1): 87-93.

[118] 王代华, 刘书信, 袁刚, 等. 并联复用光纤法-珀加速度传感器及解调方法的研究[J]. 光学学报, 2010(6): 1776-1782.

[119] Yu Z H, Tian Z P, Wang A B. Simple interrogator for optical fiber-based white light Fabry-Perot interferometers[J]. Optics Letters, 2017, 42(4): 727-730.

[120] 陈珂, 郭珉, 王泽霖, 等. 基于光学相关的光纤法布里-珀罗传感器解调仪[J]. 光子学报, 2018, 47(6): 60-65.

[121] 聂峰. 基于法布里-珀罗腔光纤声传感技术研究[D]. 成都: 电子科技大学, 2019.

[122] Schellin R, Hess G, Kühnel W, et al. Measurements of the mechanical behaviour of micromachined silicon and silicon-nitride membranes for microphones, pressure sensors and gas flow meters[J]. Sensors and Actuators A: Physical, 1994, 41(1-3): 287-292.

[123] 何祚镛, 赵玉芳. 声学理论基础[M]. 北京: 国防工业出版社, 1981.

[124] 龚秀芬, 杜朱. 声学基础[M]. 南京: 南京大学出版社, 2012.

[125] Yu M. Fiber-optic sensor systems for acoustic measurement[D]. City of College Park, Maryland: University of Maryland, 2002.

[126] Jerman J H. The fabrication and use of micromachined corrugated silicon diaphragms[J]. Sensors and Actuators A: Physical, 1990, 23(1-3): 988-992.

[127] Scheeper P R, Olthuis W, Bergveld P. The design, fabrication, and testing of corrugated silicon nitride diaphragms[J]. Journal of Microelectromechanical Systems, 1994, 3(1): 36-42.

[128] Bergqvist J. Finite-element modelling and characterization of a silicon condenser microphone with a highly perforated backplate[J]. Sensors and Actuators A: Physical, 1993, 39(3): 191-200.

[129] Wang W J, Lin R M, Zou Q B, et al. Modeling and characterization of a silicon condenser microphone[J]. Journal of Micromechanics and Microengineering, 2004, 14(3): 403.

[130] Kühnel W, Hess G. A silicon condenser microphone with structured back plate and silicon nitride membrane[J]. Sensors and Actuators A: Physical, 1992, 30(3): 251-258.

[131] 马大猷. 现代声学理论基础[M]. 北京: 科学出版社, 2004.

[132] Wang Z F, Hu Y M, Meng Z, et al. Novel mechanical antialiasing fiber-optic hydrophone with a fourth-order acoustic low-pass filter[J]. Optics Letters, 2008, 33(11): 1267-1269.

[133] Ma J Y, Zhao M R, Huang X J, et al. Low cost, high performance white-light fiber-optic hydrophone system with a trackable working point[J]. Optics Express, 2016, 24(17): 19008-19019.

[134] Abeysinghe D C, Dasgupta S, Boyd J T, et al. A novel MEMS pressure sensor fabricated on an optical fiber[J]. IEEE Photonics Technology Letters, 2001, 13(9): 993-995.

[135] Ge Y X, Wang M, Yan H T. Optical MEMS pressure sensor based on a mesa-diaphragm structure[J]. Optics Express, 2008, 16(26): 21746-21752.

[136] Wang X D, Li B Q, Xiao Z X, et al. An ultra-sensitive optical MEMS sensor for partial discharge detection[J]. Journal of Micromechanics and Microengineering, 2005, 15(3): 521-527.

[137] Li H Y, Wang X J, Li D L, et al. MEMS-on-fiber sensor combining silicon diaphragm and supporting beams for on-line partial discharges monitoring[J]. Optics Express, 2020, 28(20): 29368-29376.

[138] Li H Y, Lv J M, Li D L, et al. MEMS-on-fiber ultrasonic sensor with two resonant frequencies for partial discharges detection[J]. Optics Express, 2020, 28(12): 18431-18439.

[139] Kilic O, Digonnet M, Kino G, et al. External fibre Fabry-Perot acoustic sensor based on a

photonic-crystal mirror[J]. Measurement Science and Technology, 2007, 18(10): 3049-3054.

[140] Akkaya O C, Kilic O, Digonnet M J F, et al. High-sensitivity thermally stable acoustic fiber sensor[C]. 2010 IEEE Sensors, New York, 2010: 1148-1151.

[141] Wang Q Y, Wang W H, Jiang X S, et al. Diaphragm-based extrinsic Fabry-Perot interferometric optical fiber pressure sensor[C]. 5th International Symposium on Advanced Optical Manufacturing and Testing Technologies, 2010: 76564V.

[142] Wang W H, Yu Q X, Jiang X S. High sensitivity diaphragm-based extrinsic Fabry-Perot interferometric optical fiber underwater ultrasonic sensor[J]. Optoelectronics and Advanced Materials-Rapid Communications, 2012, 6(7-8): 697-702.

[143] Cibula E, Pevec S, Lenardic B, et al. Miniature all-glass robust pressure sensor[J]. Optics Express, 2009, 17(7): 5098-5106.

[144] Wang X W, Xu J C, Zhu Y Z, et al. All-fused-silica miniature optical fiber tip pressure sensor[J]. Optics Letters, 2006, 31(7): 885-887.

[145] Ma J, Ju J, Jin L, et al. A Compact fiber-tip micro-cavity sensor for high-pressure measurement[J]. IEEE Photonics Technology Letters, 2011, 23(21): 1561-1563.

[146] Liao C R, Liu S, Xu L, et al. Sub-micron silica diaphragm-based fiber-tip Fabry-Perot interferometer for pressure measurement[J]. Optics Letters, 2014, 39(10): 2827-2830.

[147] Liu S, Yang K M, Wang Y P, et al. High-sensitivity strain sensor based on in-fiber rectangular air bubble[J]. Scientific Reports, 2015, 5: 7624.

[148] Guo F W, Fink T, Han M, et al. High-sensitivity, high-frequency extrinsic Fabry-Perot interferometric fiber-tip sensor based on a thin silver diaphragm[J]. Optics Letters, 2012, 37(9): 1505-1507.

[149] Xu F, Ren D X, Shi X L, et al. High-sensitivity Fabry-Perot interferometric pressure sensor based on a nanothick silver diaphragm[J]. Optics Letters, 2012, 37(2): 133-135.

[150] Xu F, Shi J H, Gong K, et al. Fiber-optic acoustic pressure sensor based on large-area nanolayer silver diaghragm[J]. Optics Letters, 2014, 39(10): 2838-2840.

[151] 时金辉. 基于纳米银膜的微振动光纤传感器及其应用的研究[D]. 合肥: 安徽大学, 2014.

[152] Guo F W. Fiber-tip Fabry-Perot interferometric sensor based on a thin silver film[D]. Lincoln, Nebraska: University of Nebraska-Lincoln, 2012.

[153] Ma J, Jin W, Ho H L, et al. High-sensitivity fiber-tip pressure sensor with graphene diaphragm[J]. Optics Letters, 2012, 37(13): 2493-2495.

[154] Wang D G, Fan S C, Jin W. Graphene diaphragm analysis for pressure or acoustic sensor applications[J]. Microsystem Technologies, 2013, 21(1): 117-122.

[155] Dong Q, Bae H, Zhang Z J, et al. Miniature fiber optic acoustic pressure sensors with air-backed graphene diaphragms[J]. Journal of Vibration and Acoustics, 2019, 141(4): 041003-041008.

[156] Ni W J, Lu P, Fu X, et al. Ultrathin graphene diaphragm-based extrinsic Fabry-Perot interferometer for ultra-wideband fiber optic acoustic sensing[J]. Optics Express, 2018, 26(16): 20758-20767.

[157] Ma J, Xuan H F, Ho H L, et al. Fiber-optic Fabry-Perot acoustic sensor with multilayer graphene diaphragm[J]. IEEE Photonics Technology Letters, 2013, 25(10): 932-935.

[158] Ganye R, Chen Y Y, Liu H J, et al. Characterization of wave physics in acoustic metamaterials using a fiber optic point detector[J]. Applied Physics Letters, 2016, 108(26): 261906.

[159] Todorovic D, Matkovic A, Milicevic M, et al. Multilayer graphene condenser microphone[J]. Materials, 2015, 2(4): 6.

[160] Chen Y M, He S M, Huang C H, et al. Ultra-large suspended graphene as a highly elastic

membrane for capacitive pressure sensors[J]. Nanoscale, 2016, 8(6): 3555-3564.

[161] Yu F F, Liu G W, Gan X, et al. Ultrasensitive pressure detection of few-layer MoS$_2$[J]. Advanced Materials, 2017, 29(4): 1603261-1603269.

[162] 石晓龙. 基于银薄膜的微型光纤压力传感器的研究[D]. 合肥: 安徽大学, 2011.

[163] Wang Q Y, Yu Q X. Polymer diaphragm based sensitive fiber optic Fabry-Perot acoustic sensor[J]. Chinese Optics Letters, 2010, 8(3): 266-269.

[164] Liu L, Lu P, Wang S, et al. UV Adhesive diaphragm-based FPI sensor for very-low-frequency acoustic sensing[J]. IEEE Photonics Journal, 2016, 8(1): 9.

[165] Wang S, Lu p, Liu L, et al. An infrasound sensor based on extrinsic fiber-optic Fabry-Perot interferometer structure[J]. IEEE Photonics Technology Letters, 2016, 28(11): 1-1.

[166] Jiang Y G, Li J, Zhou Z W, et al. Fabrication of All-SiC fiber-optic pressure sensors for high-temperature applications[J]. Sensors (Basel), 2016, 16(10): 1660.

[167] Zhu Y Z, Huang Z Y, Shen F B, et al. Sapphire-fiber-based white-light interferometric sensor for high-temperature measurements[J]. Optics Letters, 2005, 30(7): 711-713.

[168] Behdad N, Al-Joumayly M A, Li M. Biologically inspired electrically small antenna arrays with enhanced directional sensitivity[J]. IEEE Antennas and Wireless Propagation Letters, 2011, 10: 361-364.

[169] Senesky D G, Dekate S, Mills D A, et al. Development of a sapphire optical pressure sensor for high-temperature applications[C]. SPIE Sensing Technology+Applications, 2014.

[170] Li W W, Liang T, Jia P G, et al. Fiber-optic Fabry-Perot pressure sensor based on sapphire direct bonding for high-temperature applications[J]. Applied Optics, 2019, 58(7): 1662-1666.

[171] Liu J, Jia P G, Zhang H X, et al. Fiber-optic Fabry-Perot pressure sensor based on low-temperature co-fired ceramic technology for high-temperature applications[J]. Applied Optics, 2018, 57(15): 4211-4215.

[172] Wang F Y, Shao Z Z, Xie J H, et al. Extrinsic Fabry-Perot underwater acoustic sensor based on micromachined center-embossed diaphragm[J]. Journal of Lightwave Technology, 2014, 32(23): 4026-4034.

[173] Wang F Y, Shao Z Z, Hu Z L, et al. Micromachined fiber optic Fabry-Perot underwater acoustic probe[C]. 7th International Symposium on Advanced Optical Manufacturing and Testing Technologies: Design, Manufacturing, and Testing of Micro- and Nano-Optical Devices and Systems, 2014: 7.

[174] Martins P, Beclin S, Brida S, et al. Design of bossed silicon membranes for high sensitivity microphone applications[J]. Microsystem Technologies, 2007, 13(11-12): 1495-1500.

[175] Zou Q B, Li Z J, Liu L T. Design and fabrication of silicon condenser microphone using corrugated diaphragm technique[J]. Journal of Microelectromechanical Systems, 1996, 5(3): 197-204.

[176] Huang C H, Lee C H, Hsieh T M, et al. Implementation of the CMOS MEMS condenser microphone with corrugated metal diaphragm and silicon back-plate[J]. Sensors, 2011, 11(6): 6257-6269.

[177] Wang W J, Lin R M, Guo D G, et al. Development of a novel Fabry-Perot pressure microsensor[J]. Sensors and Actuators A: Physical, 2004, 116(1): 59-65.

[178] Chen J, Liu L T, Li Z J, et al. On the single-chip condenser miniature microphone using DRIE and backside etching techniques[J]. Sensors and Actuators A: Physical, 2003, 103(1-2): 42-47.

[179] Dongare M L. Development of fiber optic differential pressure sensor with corrugated diaphragm for the measurement of BOD[J]. International Journal of Computer and Electronics

Research, 2014, 3(2): 3.

[180] 陈露, 朱佳利, 李泽焱, 等. 波纹膜片式光纤法布里-珀罗压力传感器[J]. 光学学报, 2016(3): 54-58.

[181] 宫奎. 基于微加工的膜片式光纤传感器的制作及其应用研究[D]. 合肥: 安徽大学, 2015.

[182] Lu X Q, Wu Y, Gong Y, et al. A miniature fiber-optic microphone based on an annular corrugated MEMS diaphragm[J]. Journal of Lightwave Technology, 2018, 36(22): 5224-5229.

[183] Wang H, Xie Z W, Zhang M, et al. A miniaturized optical fiber microphone with concentric nanorings grating and microsprings structured diaphragm[J]. Optics & Laser Technology, 2016, 78: 110-115.

[184] OPTIMIC™ MICROPHONES[EB/OL].(2016-04-12) [2020-09-30]. http://www.optoacoustics. com/industrial/optimic-microphones.

[185] Beeby S P, Ensel G, Kraft M, et al. MEMS Mechanical Sensors[M]. London: Artech House Publishers, 2004.

[186] 刘人怀. 波纹圆板的特征关系式[J]. 力学学报, 1978(1): 47-52.

[187] Tan C W, Miao J. Optimization of sputtered Cr/Au thin film for diaphragm-based MEMS applications[J]. Thin Solid Films, 2009, 517(17): 4921-4925.

[188] 陈兢, 刘理天, 李志坚. 高灵敏度微机械薄膜的设计、模拟与优化[J]. 固体电子学研究与进展, 2002(1): 82-88.

[189] Chen Y F. Applications of nanoimprint lithography/hot embossing: A review[J]. Applied Physics A: Materials Science & Processing, 2015, 121(2): 451-465.

[190] Cecchini M, Signori F, Pingue P, et al. High-resolution poly(ethylene terephthalate) (PET) hot embossing at low temperature: Thermal, mechanical, and optical analysis of nanopatterned films[J]. Langmuir, 2008, 24(21): 12581-12586.

[191] Chan M A, Collins S D, Smith R L. A micromachined pressure sensor with fiber-optic interferometric readout[J]. Sensors and Actuators A: Physical, 1994, 43(1-3): 196-201.

[192] Smith R L, Collins S D. Interferometric pressure sensor capable of high temperature operation and method of fabrication: US-5087124-A[P]. 1989-05-08[2020-05-30].

[193] Jiang M Z, Gerhard E. A simple strain sensor using a thin film as a low-finesse fiber-optic Fabry-Perot interferometer[J]. Sensors and Actuators A: Physical, 2001, 88(1): 41-46.

[194] Bae H, Dunlap L, Wong J, et al. Miniature temperature compensated Fabry-Perot pressure sensors created with self-aligned polymer photolithography process[J]. IEEE Sensors Journal, 2012, 12(5): 1566-1573.

[195] Wang W H, Wu N, Tian Y, et al. Optical pressure/acoustic sensor with precise Fabry-Perot cavity length control using angle polished fiber[J]. Optics Express, 2009, 17(19): 16613-16618.

[196] Pang C, Bae H, Gupta A, et al. MEMS Fabry-Perot sensor interrogated by optical system-on-a-chip for simultaneous pressure and temperature sensing[J]. Optics Express, 2013, 21(19): 21829-21839.

[197] Zhu J L, Wang M, Shen M, et al. An optical fiber Fabry-Perot pressure sensor using an SU-8 structure and angle polished fiber[J]. IEEE Photonics Technology Letters, 2015, 27(19): 2087-2090.

[198] Bae H, Zhang X M, Liu H, et al. Miniature surface-mountable Fabry-Perot pressure sensor constructed with a 45 degrees angled fiber[J]. Optics Letters, 2010, 35(10): 1701-1703.

[199] McGarrity C, Jackson D A. Improvement on phase generated carrier technique for passive demodulation of miniature interferometric sensors[J]. Optics Communications, 1994, 109(3-4): 246-248.

[200] Asanuma H, Hashimoto S, Tano S, et al. Development of fiber-optical microsensors for geophysical use[C]. 2003 International Conference Physics and Control, 2003: 315.

[201] Jan C, Jo W, Digonnet M J F, et al. Photonic-crystal-based fiber hydrophone with sub-100 $\mu Pa/\sqrt{Hz}$ pressure resolution[J]. IEEE Photonics Technology Letters, 2016, 28(2): 123-126.

[202] Wang Z Z, Zhang W T, Li F. Diaphragm-based fiber optic Fabry-Perot hydrophone with hydrostatic pressure compensation[C]. 14th Annual Conference of the Chinese Society of Micro-Nano Technology, 2012:1-5.

[203] Beard P C, Mills T N. Extrinsic optical-fiber ultrasound sensor using a thin polymer film as a low-finesse Fabry-Perot interferometer[J]. Applied Optics, 1996, 35(4): 663-675.

[204] Beard P C, Hurrell A M, Mills T N. Characterization of a polymer film optical fiber hydrophone for use in the range 1 to 20 MHz: A comparison with PVDF needle and membrane hydrophones[J]. IEEE Transactions on Ultrasonics, Ferroelectrics, and Frequency Control, 2000, 47(1): 256-264.

[205] 张伟航, 江俊峰, 王双, 等. 面向海洋应用的光纤法布里-珀罗高压传感器[J]. 光学学报, 2017, 37(2): 51-59.

[206] Brown D A. Fiber optic accelerometers and seismometers[M]//Berliner M J, Lindberg J F. Acoustic Particle Velocity Sensors: Design, Performance, and Applications. Woodbury: AIP Press, 1996: 260-273.

[207] 倪明, 张仁和, 胡永明, 等. 关于光纤水听器灵敏度的讨论[J]. 应用声学, 2002(6): 17, 18-21.

索　引

B

保偏光纤（polarization-maintaining fiber,PMF）……………………………… 32

保偏光纤布拉格光栅（polarization-maintaining fiber Bragg grating,PMFBG）… 32

保偏环形器（polarization-maintaining circulator,PMCIR）……………………… 32

比例积分微分（proportional integral differential,PID）………………………… 119

标准连接器（standard connector,SC）…………………………………………… 104

丙烯腈-丁二烯-苯乙烯（acrylonitrile butadiene styrene,ABS）……………… 111

薄膜（membrane）………………………………………………………………… 51

C

掺铒光纤放大器（erbium-doped fiber amplifier,EDFA）……………………… 32

掺铒光纤激光器（erbium-doped fiber laser,EDFL）…………………………… 108

长腔长 F-P 干涉仪（long cavity Fabry-Perot interferometer,LCFPI）……… 108

D

单模光纤（single mode fiber,SMF）……………………………………………… 32

单深纹膜（single deep corrugated diaphragm,SDCD）………………………… 87

等离子体增强化学气相沉积（plasma-enhanced chemical vapor deposition,PECVD）

…………………………………………………………………………………… 77

低压化学气相沉积（low pressure chemical vapor deposition,LPCVD）……… 77

电感耦合等离子体（induction coupling plasma,ICP）………………………… 106

电光调制器（electro-optic modulator,EOM）…………………………………… 32

电荷耦合器件（charge coupled device,CCD）………………………………… 43

多模光纤（multi mode fiber,MMF）……………………………………………… 80

F

反潜无人艇（anti-submarine warfare continuous trail unmanned vessel,ACTUV）… i

反应离子刻蚀（reactive-ion etching,RIE）……………………………………… 78

反正切（arc-tangent,ARC）……………………………………………………… 23

放大自发辐射（amplified spontaneous emission,ASE）……………………… 20

非本征 F-P 干涉仪（extrinsic Fabry-Perot interferometer,EFPI）…………… 2

非引导模型（unguided model）·· 10

分布式反馈（distributed feedback,DFB）·························· 21

F-P（Fabry-Perot）·· 2

G

干法转移（dry transfer）··· 81

高通滤波器（high pass filter,HPF）································· 23

功率谱密度（power spectrum density,PSD）······················ 126

光电探测器（photoelectric detector,PD）··························· 17

光谱分析仪（optical spectrum analyzer,OSA）····················· 36

光强调制（light intensity modulation,LIM）······················· 29

光纤布拉格光栅（fiber Bragg grating,FBG）······················· 2

光纤 F-P 加速度计（fiber optic F-P accelerometer,FOFPA）········ 31

H

化学气相沉积（chemical vapor deposition,CVD）·················· 82

J

纠缠发光二极管（entangled light-emitting diode,ELED）··········· 27

聚对苯二甲酸乙二醇酯（polyethylene terephthalate,PET）··········· 6

聚对二甲苯（parylene）·· 111

聚二甲基硅氧烷（polydimethylsiloxane,PDMS）··················· 74

聚甲基丙烯酸甲酯（polymethylmethacrylate,PMMA）·············· 85

聚酰亚胺（polyimide,PI）·· 110

K

可调节 F-P 光纤滤波器（fiber Fabry-Perot tunable filter,FFP-TF）··· 20

克拉默-拉奥下界（Cramer-Rao lower bound,CRLB）················ 42

L

离散小波变换（discrete wavelet transform）························· 39

路径匹配差分干涉仪（path matched differential interferometer,PMDI）········· 29

M

模数转换器（analog to digital converter,ADC）···················· 28

M-Z（Mach-Zehnder）·· 2

P

偏振器（polarizer）·· 32

平板（plate）··· 51

平膜（flat diaphragm）··· 84

Q

浅纹膜（shallow corrugated diaphragm）·············· 87

S

深反应离子刻蚀（deep reactive-ion etching,DRIE）·············· 77

湿法转移（wet transfer）·············· 82

数模转换器（digital to analog converter,DAC）·············· 27

随机存储器（random access memory,RAM）·············· 27

T

调频相位生成载波（frequency modulated phase generated carrier,FMPGC）······ 31

调制光纤 Y 分型（MG-Y）·············· 26

W

弯曲应力（bending stress）·············· 51

微分交叉相乘（differential-cross multiply,DCM）·············· 23

微机电系统（microelectromechanical system,MEMS）·············· i

微结构光纤（microstructure fiber,MF）·············· 19

无人水下航行器（unmanned underwater vehicle,UUV）·············· i

X

希尔伯特变换（Hilbert transform）·············· 39

相位生成载波（phase generated carrier,PGC）·············· 28

修正汉克尔函数（modified Hankel function）·············· 9

Y

压电陶瓷（piezoelectric ceramics,PZT）·············· 1

引导模型（guided model）·············· 10

游标调谐分布式布拉格反射型激光器（VT-DBR 激光器）·············· 27

Z

张力（tensile stress）·············· 51

紫外线（ultraviolet ray,UV）·············· 81

自由谱范围（free spectrum range,FSR）·············· 8

自治式潜水器（autonomous underwater vehicle,AUV）·············· i

总谐波失真（total harmonic distortion,THD）·············· 125

最小可探测声压（minimum-detectable pressure,MDP）·············· 125